Designs and Experiments for Electronic Circuits

전자회로 설계 및 실험

한상민 지음

홍릉과학출판사

저자의 글

본 교재는 지난 수년간 전자회로 이론과 실험 과목을 가르치며 학부 과정 중 '왜 실험 실습 과목을 수강해야 하는가?'에 대한 작은 고민의 결과로 쓰여졌습니다. 또한 학생들이 기피하는 실험을 좀 더 쉽고 빠르고 흥미를 유발하는 실험으로 만들었으면 하는 바램이기도 합니다.

학부 과정에서 실험 과목을 수강하는 이유는 다음 몇 가지로 생각할 수 있습니다. 첫째는 흔히 학생들이 생각할 수 있는 이론적 결과의 실험적 검증입니다. 강의를 통해 습득한 내용을 실험으로 검증하고 이론적 지식을 견고히 하는 역할을 합니다. 둘째는 실험 스킬의 습득입니다. 하드웨어 교과는 지식만으로 실무가 해결되지 않습니다. 물론 이론적 기초가 가장 중요하지만 엔지니어는 1) 회로를 구성할 수 있고, 2) 측정 장비를 사용할 수 있어야 하며, 3) 실험적 오류 진단에 대한 능력을 갖추고 있어야 합니다. 이중 마지막 스킬인 오류 진단의 능력은 타 교재에서 소위 트러블 슈팅(Trouble Shooting)으로 소개되고 있는 부분으로 실험이 잘못 되고 있다는 사실을 엔지니어가 인지(認知)할 수 있어야 하고, 또 어떻게 해결해야 하는지를 알고 있어야 합니다. 이는 실험 실습의 가장 중요한 목적이며 경험적 능력을 배양하는 이유가 됩니다. 따라서 이론적 기초와 함께 실험적 경험이 병행되어 습득되어야 훌륭한 엔지니어로 성장할 수 있는 것입니다.

본 교재는 이러한 방향에 부합하도록 손으로 계산하는 이론적 실험 준비와 하드웨어 중심의 실험으로 쓰여졌습니다. 일부 시뮬레이션 툴에 의존한 교재도 실무적으로 많은 도움이 될 수 있으나, 시뮬레이션 툴을 사용하여 결과를 미리 보고 실험에 참여하는 것보다, 어떠한 이론으로 어떠한 결과를 얻을 수 있겠는가 미리 계산하여 생각해 본 후에 실험에 참여하는 것이 더 효과적이라 판단하였습니다.

분량이 많지는 않았던 실험 교재지만 학생들에게 엔지니어로서 갖추어야 할 지식을 습득하게 하는 교재를 집필하는 일은 그리 쉽지만은 않은 여정이었습니다. 갑작스레 집필을 결정하고 1년간 실험을 진행하며 집필을 하였고, 초본을 바탕으로 다시 1년간 학생들과 실험을 하며 내용을 검증하였습니다. 그간 반복하여 출판하던 연구 논문과 달리, 이 교재는 단순히 한 권의 책이 아닌 교육자로서 홀로 내어 놓는 첫번째 작품입니다. 부족한 부분들이 많이 있을 것으로 사료되나 너그러이 보아주셨으면 합니다. 끝으로 본 교재가 세상의 빛을 보게끔 노력해주신 홍릉과학출판사와 집필을 위해 실험 과정을 점검하고, 그림, 사진, 발문 작업을 도와 준 순천향대학교 Microwave & RF 시스템 연구실 석박사 과정 학생들에게 감사의 말을 전합니다. 감사합니다.

사천삼백사십구년 십이월

- 敏 -

교재 활용법

본 교재는 전자회로 이론 과목과 병행되는 '전자회로 설계 및 실험' 과목을 위해 쓰여진 실험용 교재입니다. 기존의 다른 실험 도서와 달리 별도의 이론을 포함하지 않고 실험 자체의 내용에 충실하게 쓰여졌습니다. 실험 교재가 별도의 이론서가 되어 학생들에게 이중의 부담으로 느껴지지 않게 하기 위한 의도입니다. 따라서, 실험에 필요한 이론과 실험의 예상 결과는 이론 과목의 교재를 통해 습득하고, 실험의 예비와 결과 보고서도 이론 과목의 전자회로 교재를 활용할 것을 권장합니다. 실험을 통해 이론 시간에 습득한 내용을 재확인하고, 실험 장비의 사용 능력과 실험적 경험 습득에 집중하기 바랍니다.

교재의 구성은 1) 실습 장비 사용법, 2) 전자회로실험, 3) 프로젝트 실습으로 구성되어 있습니다. 장비 사용법은 전자 회로 실험에서 주요하게 다루게 되는 아날로그 신호 분석을 위해 오실로스코프와 함수발생기의 사용법 및 각종 아날로그용 케이블에 대해 설명합니다. 함께 사용되는 전원공급기와 디지털 멀티미터는 대부분의 교과 과정에서 앞서 수강하는 전기회로 실험에서 그 사용법을 습득하였을 것이므로, 본 교재는 소신호 측정에 필요한 개념과 장비 사용법, 실험상 유의점 등에 집중하였습니다. 실험 내용은 이론 교재의 실험 실습과 프로젝트 실습으로 나뉘며, 프로젝트 실습은 실제 회로 기반에 납땜을 병행함으로써 실무적인 회로 구성 능력, 종합 설계 능력, 측정 및 제작 능력 등을 동시에 습득하게 됩니다.

예비리포트 작성

일반적으로 실험의 예비리포트는 수행할 실험의 이론 부분을 다시 학습하고, 실험 순서를 사전 검토하는 경우가 많습니다. 본 교재에서는 별도의 <예비리

포트 작성>을 포함하여 학생들이 예비리포트로 작성해야 할 내용을 안내하고 있습니다. 가장 기본이 되는 예비리포트 작성은 이번 실험에서 수행할 실험 내용을 인지하여 이론적인 예상값을 도출하는 것입니다. 이 과정에서 학생들은 1) 실험의 이론적 내용, 2) 실험 회로의 이해와 실험 순서, 3) 규격서(specification) 숙지 등을 동시에 수행하게 됩니다. 물론 별도의 이론 내용을 예비리포트에 작성할 필요는 없습니다. 실험 회로 분석과 이론값를 계산하는 과정에서 이미 회로에 대한 이해와 원리를 파악하게 되기 때문입니다.

실험의 수행

실험 절차 및 결과는 실험할 회로와 측정을 위한 절차, 그리고 측정해야 할 데이터 목록 (이 데이터를 예비리포트에서 이론값으로 구하여 실험 과정에서 참고)을 제시하고 있습니다. 따라서 예비리포트를 통해 숙지한 실험의 내용을 단순한 지침의 순서에 따라 빠르고 간단하게 실험을 마칠 수 있습니다. 실험을 진행하면서 실험 결과에 제시된 표와 그래프를 완성함으로써 해당 실험의 회로 동작 원리를 검증하게 됩니다. 또한 교재의 결과 리포트 작성 부분을 염두에 두고 실험을 진행하면 도움이 됩니다.

결과리포트 작성

본 교재에서는 <실험고찰 및 결과리포트 작성>을 제시하여, 실험 시간에 기입한 데이터가 의미하는 바에 대해 자신의 의견 또는 기타 자료를 참조할 수 있도록 하고 있습니다. 또한 예비리포트를 통해 얻은 이론값과 실험 결과를 비교하여 오차를 분석하고 실험상의 오차가 발생하는 원인 등에 대해 고찰을 할 수 있도록 하는 등 각 실험에 필요한 고려 사항을 안내하고 있습니다. 결과리포트에서 제시되는 결과는 예비리포트에서 이론값으로 분석하였던 내용을 실험 측정값으로 반복함으로써 실험 결과를 통해 이론 결과인 예비 리포트와 비교할 수 있습니다.

목차

Ⅲ. 프로젝트 설계

I

실습 장비 사용법

01 오실로스코프(Oscilloscope)

1 오실로스코프의 기능

❑ 오실로스코프(Oscilloscope)는 관측하는 전기 신호의 크기(amplitude)가 시간(time)의 변화에 따라 어떻게 변화하는가를 보여주는 장비이다.

❑ 외부에서 피측정 신호를 입력해 주고, 장비는 모니터를 통해 신호의 파형(waveform)을 보여주게 된다. 여기서 측정되는 신호의 크기는 전압(voltage)이다.

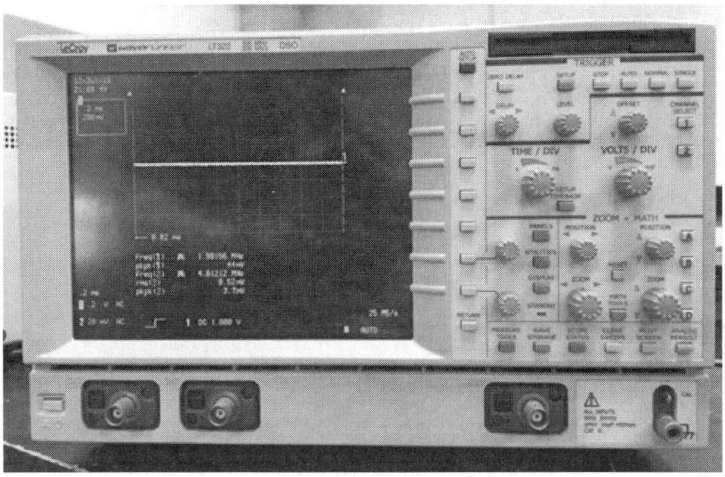

[그림 1] 오실로스코프

2 화면 표시

❑ 피측정 신호의 파형을 표현하는 디스플레이는 [그림 2]에서 보는 바와 같다. x-축은 시간을 y-축은 전압을 나타내며, 신호의 시간에 따른 변화를 나타내고 있다. 일반적으로 x-축은 10개의 칸으로 y-축은 8개 또는 10개의 칸으로 나뉘어지며, 각 칸의 스케일(scale)은 조정이 가능하고 모니터 좌측 상단에 표시된다.

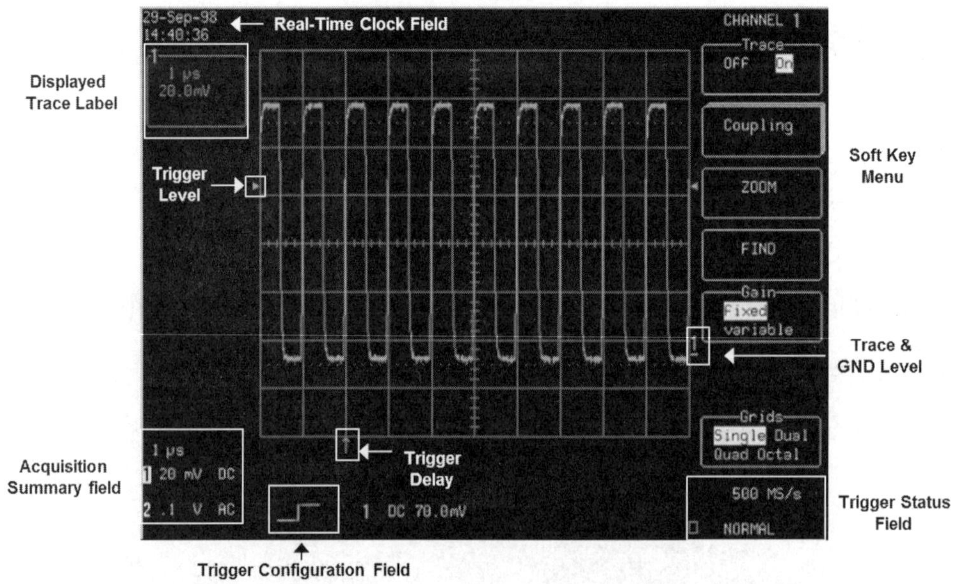

[그림 2] 오실로스코프의 디스플레이 화면

❑ Displayed Trace Label: 현재 표시되고 있는 채널 번호, 조정 채널 여부, 시간축과 전압축 스케일 등을 표시한다. 일반적으로 현재 키와 다이얼 등으로 조절하고자 하는 채널은 채널 번호 또는 해당 채널의 패널이 밝은 색으로 들어 온다. 스케일은 시간축의 한 칸당 시간(time/div.)과 전압축의 한 칸당 전압(volts/div.)을 표시해 준다. (Ex: 그림의 경우 x축 한 칸이 1usec이고, y축 한 칸이 20mV를 나타낸다. 보기의 신호는 한 주기(period)에 대략 2칸을 차지하므로 약 2usec의 주기를 갖고, 크기의 Peak-to-peak가 5.5칸 정도이므로 대략 110mV$_{pp}$의 신호임을 알 수

있다.)

- ❑ **Trigger Level**: 그라운드 레벨에 대한 트리거 전압을 표시하는 그리드의 양쪽을 나타낸다.
- ❑ **Trigger Delay**: trace에 대한 트리거 시간을 나타내는 화살표이다.
- ❑ **Real-Time Clock Field**: 배터리로 지원되는 real-time 클럭에 의해 구동되며 현재의 일자와 시간을 표시한다.
- ❑ **Acquisition Summary field**: 선택된 채널에, 타임베이스, volts/div, 각 채널을 위한 프루브 감쇠와 커플링을 나타낸다.
- ❑ **Trigger Status Field**: sampling rate와 트리거 re-arming상태를 나타낸다. 작은 사각형 아이콘은 acquisition이 되었다는 것을 나타내기 위해 플래시 된다.
- ❑ **Trigger Configuration Field**: 트리거 소스, 슬로프, 레벨과 커플링에 대한 정보와 트리거 형태, 다른 정보들을 나타내는 아이콘이다.
- ❑ **Trace and Ground Level**: trace 넘버와 그라운드 레벨 마커
- ❑ 다른 디스플레이로는 그리드 밑에 위치하고 커서에 대한 시간과 주파수를 명시해주는 Time and Frequency field, 그리드 위에 위치하고 특별한 메시지를 담당하는 Message field가 있다.

3 제어판

일반적으로 오실로스코프의 화면 우측에 아래 그림과 같은 제어 패널이 있다. 장비마다 기능과 버튼의 배치 등은 다르나 필수적인 주요 기능은 거의 동일하다.

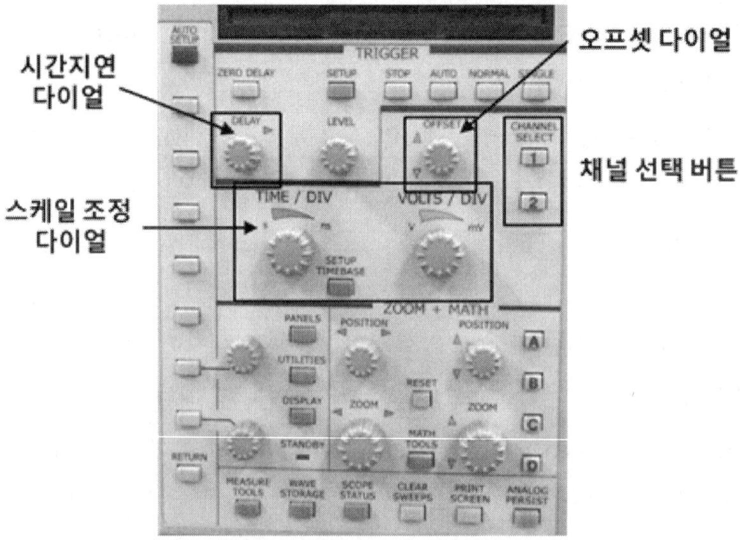

[그림 3] 오실로스코프의 버튼

- ❑ **채널 선택 버튼(Channel Selection)**: 오실로스코프의 지원 채널만큼의 숫자 버튼이 있다. 스코프에 따라 1개, 2개, 4개 또는 그 이상이 있으며 그 수만큼의 입력 신호를 동시에 관찰할 수 있다. 각 버튼은 지금 조정하고자 하는 채널을 지정하거나 제거할 수 있고, 화면에서 채널을 제거할 수 있다. 선택과 표시 여부는 앞서 설명한 'display trace label'의 숫자 부분 변화를 확인하면 된다.
- ❑ **Volts/Div 다이얼**: 이는 화면상의 선택된 채널의 입력 신호에 대한 y-축 스케일을 조정하는 다이얼이다. 다이얼을 돌리면 세로축 한 칸이 표시하는 전압이 변화하므로 파형의 크기가 변화한다. 측정을 하거나 파형을 관찰하기 가장 좋은 상태로 조절하면 된다.

❑ **Time/Div 다이얼**: 이 다이얼은 표시되고 있는 모든 채널의 신호의 시간축 스케일을 조정하는 것이다. 이 다이얼을 조정하면 파형의 시간축(x축) 특성을 더 세밀하게 또는 더 넓은 시간대의 파형 모양을 관찰할 수 있다.

❑ **오프셋 다이얼(Offset)**: 이 다이얼은 화면상의 파형에 DC offset 즉, 세로축 방향의 수직 이동을 조정하는 것이다. 신호의 크기에 비해 큰 DC 성분을 가진 신호가 화면 윗 쪽이나 아랫 쪽에 치우쳐 있는 경우, 파형을 화면 중앙으로 움직이는데 유용하다. Offset 다이얼을 움직이면 화면에 조정되고 있는 DC offset 전압이 표기되므로 현재 화면에 보여지는 파형의 실제 전압을 알 수 있다.

❑ **시간지연 다이얼(Delay)**: 이 다이얼은 시간축으로 파형을 이동시킬 때 사용된다. 파형의 delay 값을 비교하거나 위상 차이 등을 측정할 때 유용하다.

❑ **기타 제어판 기능**

Auto Setup	입력신호의 디스플레이를 위한 수직 설정, 타임베이스와 트리거 레벨을 자동으로 설정해준다. 이 버튼 밑으로 일렬로 정렬된 버튼들은 다른 버튼을 눌렀을 때 그 메뉴로 이동하도록 하거나, 선택하는 버튼이다
RETURN	디스플레이를 이전 메뉴로 되돌리며 상위 디텍토리가 없는 경우에는 메뉴를 화면에서 지운다.
Zero delay	화면에 보여지는 파형의 Delay를 0으로 맞춘다.
Setup	트리거 소스, 소스의 커플링, 슬로프 및 시간과 이벤트 단위 트리거 홀드오프의 양을 선택할 수 있다.
Auto	트리거가 자동으로 표시된다.
Normal	다음 유효 트리거가 있는 경우에 디스플레이를 지속적으로 갱신한다. 유효 트리거가 없는 경우 최종 신호는 유지된다.
Single	단일 트리거 발생을 기다린 후 신호를 표시하고 포착을 정지한다. 트리거가 발생하지 않으면 이 버튼을 다시 눌러 수동으로 오실로스코프를 트리거 한다.
Stop	Auto, Normal, Single 설정모드에서 이루어진 포착을 중단한다.
Level	트리거 임계값을 선택한다. 디스플레이 그리드와 화면 하단에 표시된다.

SETUP TIMEBASE	Timebase메뉴를 활성화 하여 샘플 모드, 최대 메모리 길이, 외부 클럭 등을 포함하는 포착조건을 선택할 수 있다.
PANELS	오실로스코프 설정값 파일을 내부 비활성 디스크나 PC카드에 저장한다.
UTILITY	하드 카피 설정 및 포맷, 날짜와 시간, 대량 저장 장치 및 원격 제어 인터페이스와 같은 오실로스코프 기능을 설정한다.
SETUP TIMEBASE	Timebase메뉴를 활성화 하여 샘플 모드, 최대 메모리 길이, 외부 클럭 등을 포함하는 포착조건을 선택할 수 있다.
PANELS	오실로스코프 설정값 파일을 내부 비활성 디스크나 PC카드에 저장한다.
UTILITY	하드 카피 설정 및 포맷, 날짜와 시간, 대량 저장 장치 및 원격 제어 인터페이스와 같은 오실로스코프 기능을 설정한다.
DISPLAY	X-Y모드, 잔상모드 등과 같은 다양한 디스플레이 기능을 설정한다.
POSITION	디스플레이에서 선택한 줌 Trace의 수직, 수평방향의 위치를 조정한다.
ZOOM	디스플레이에서 선택한 줌 Trace의 수직, 수직, 수평방향 줌(확대요소)을 조정한다.
RESET	줌 요소를 재설정 하여 신호처리의 결과를 지운다.
MATH TOOLS	모든 Zoom Trace에서 줌의 설정 및 신호처리에 대사나 엑세스와 Overview를 제공한다.
A, B, C, D	줌에 대한 소스신호를 선택할 수 있도록 선택한 줌 Trace의 설정 메뉴를 활성화 한다.
MEASURE TOOLS	신호의 파라미터를 표시하며, 상황에 따른 신호의 파라미터는 상대적이다.
WAVE STORAGE	파형 데이터를 선택사양 PC카드나 디스켓에 저장하거나 다시 불러온다.
SCOPE STATUS	설치된 옵션, 가용메모리, 일련번호는 물론 포착 시스템과 일반적인 파형 정보와 같은 대부분의 오실로스코프 설정조건을 표시한다.

CLEAR SWEEPS	잔상 디스플레이, 평균화, FFT 평균화 등에서 이전의 스위프 데이터를 지우고 마지막 포착 데이터만을 남겨둔다.
PRINT SCREEN	화면을 디스켓이나 선택 사양인 내부 프린터, PC Card Hard Drive, 메모리 카드 또는 네트워크 프린터로 인쇄한다.
ANALOG PERSIST	컬러등급 또는 강도 등급 디스플레이로 표시되는 것과 같이 발생빈도와 관련된 시간, 전압 및 3차 치수로 신호를 3차원으로 제공한다.

4 신호 Acquisition

- **채널(Channel)**: 오실로스코프는 서로 다른 여러 개의 파형을 동시에 표시할 수 있다. 이때 입력되는 각각의 신호를 개별적으로 제어하며 원하는 형태로 볼 수 있다. 이 때 각 신호를 관찰하는 독립적인 통로(channel)를 채널이라 한다. 장비에 따라 1채널에서 2, 4, 8채널까지 다양한 제품이 소개되고 있다. 여러 신호를 동시에 다른 파형과 다른 크기를 비교할 때 사용되며, 시간 축은 항상 동일하게 설정된 상태만을 볼 수 있다.
- **트리거(Trigger)**: 오실로스코프를 이용한 파형 측정은 파형의 시간에 따른 변화를 보여주어야 하므로 화면상에 파형의 정지 상태를 보여주기 쉽지 않다. 오실로스코프 내부의 동기회로는 파형을 입력 신호화 동기화하여 정지 신호인 듯 파형을 보여주게 한다. 시간 축으로 스윕(sweep)되는 측정 주기를 조절하여 스윕 시간이 파형 주기의 정수 배인 경우에 측정 파형이 정지 신호처럼 보여지게 된다. 하지만 최근 사용되는 싱크로스코프(Synchroscope)에서는 관측 파형으로 펄스를 만들고 이 펄스를 스윕하는 트리거(Trigger) 방식을 사용하므로, 어떤 모양의 파형도 쉽게 동기가 되어 관측하기가 쉽다. 따라서 트리거링(triggering)하고자 하는 신호의 레벨에 트리거 레벨(trigger level)을 맞추어 놓으면 신호가 흐르는 것처럼 보이는 것을 막을 수 있다.

❑ **커플링(Coupling)**: 커플링이란 '통과'라는 뜻으로 오실로스코프에서 입력된 신호의 파형을 어떻게 통과시켜 표시할 것인가를 나타내는 것이다. 크게 AC 커플링과 DC 커플링으로 설명될 수 있는데, AC 커플링은 입력 신호에서 DC 성분은 제외하고, AC 성분만을 표시하는 것이다. 이는 특정 파형이 높은 DC offset을 가지고 있을 때 전체 화면에서 AC 파형만을 관찰하고자 할 때 주로 사용된다. DC 커플링은 입력 신호를 모두 통과시키는 것으로 실제 입력된 신호의 정확한 전압을 볼 수 있다.

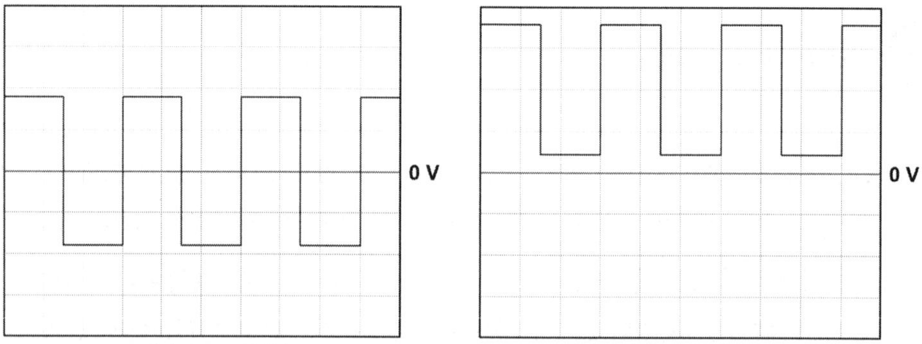

(a) AC 커플링　　(b) DC 커플링

[그림 4] DC offset이 있는 신호의 커플링에 따른 표시

접지(Ground; GND)란?

전기회로나 전자회로 등에서 흔히 접하는 기호나 용어가 바로 접지이다. 회로도에 접지를 따로 표시한 회로도도 있고, 그렇지 않은 것도 있으나, 일반적으로 전압원이나 전류원의 음극에 해당하는 것으로 이해하는 경우가 많다. 그러나 접지(接地)는 글자의 뜻 그대로 '땅에 접하다'라는 뜻이다. 영어로도 'Ground' 즉, '땅'이라는 뜻이다. 영어로 접지를 표현하는 다른 말로는 'earth(지구)'가 있다. 용어의 의미로 미루어 알 수 있는 것과 같이 접지는 땅을 의미하고 다시 말해 회로가 땅에 접해있다는 뜻이다. 그러면 어떻게 회로가 땅에 연결될 수 있을까?

건물의 전원 콘센트를 유심히 보면 200V의 경우 2구의 원형 플러그가 있고, 그 위아래로 클립 모양의 도체 또는 패드가 나와 있는 것을 볼 수 있다. 컴퓨터의 전원 코드도 살펴보면 두 개의 콘센트 위 아래로 도체의 패드가 나와 있다. 이 단자가 바로 접지 단자이다. 건물의 전기 공사를 할 때 이 접지 단자는 지표면에서 75cm 이상의 깊이에 매설한 것이다. 전도도가 좋은 수도 파이프를 사용할 경우 수도관으로 접지 단자를 대신하는 경우도 있다.
이런 접지 콘센트를 이용하여 연결된 장비와 회로, 전자제품은 모두 동일한 접지 전압을 가지고 있고, 이를 우리가 흔히 0V로 사용하고 있는 것이다. 전압이라는 것은 전위차라고 하여 두 지점 사이의 상대적인 전압 차이를 이야기하고, 이 전압 차이에 의해 전류가 발생하므로 절대적인 '전압값'은 회로 내부에 존재하지 않는다. 따라서 전기적으로 일정한 지구 표면의 전압을 공통의 기준(reference)으로 삼아 절대 전위 0V로 결정한 것이 접지이다. 접지가 그려져 있는 회로의 전압과 그렇지 않은 회로의 전압값은 다를 수 있다. 아래 그림에서 보는 바와 같이 두 회로는 전압원에 의해 5V의 전압이 공급되고 저항 R에는 5V의 전압강하가 일어난다. 그러나 [그림 5(a)]의 경우 저항 R에 의한 전압 강하는 5V이나 절대 전압 값은 정확히 알 수 없다. 그러나 [그림 5(b)]의 경우 접지에 의해 전압원의 음극이 0V로 고정된 경우 저항 R의 양단 전압은 각각 5V와 0V임을 알 수 있다.

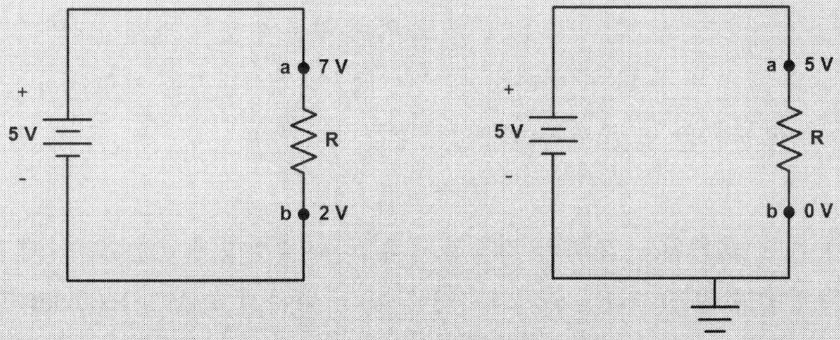

(a) (b)

[그림 5] 접지 유무에 따른 전압 비교

한가지 접지의 필요성은 누설 전류에 의한 회로, 전자제품, 인체의 보호에 있다. 대부분의 전자 제품의 금속 케이스는 접지 전원으로 활용되는데, 이 전원이 접지되지 않은 상태에서 인체에 닿게 되면 인체를 통해 발에 닿아 있는 땅으로 '접지'되어 감전의 원인이 된다. 때문에 물기가 많은 세탁기 등은 설치 후에 반드시 수도꼭지나 벽면에 설치된 접지 단자에 접지를 해야 안전하다.

5 프루브(Probe)

프루브는 신호를 측정하기 위해 오실로스코프와 신호를 연결해주는 측정 단자이다. 신호가 들어오는 선에 물릴 수 있는 클립이 있고, GND 클립이 있다. 감쇠비율을 조정할 수 있는 스위치가 있고, BNC 커넥터와 연결할 수 있는 포트가 있다. 주파수 특성에 의해 들어오는 신호의 노이즈를 제거하기 위해 동축 케이블로 구성되어 있다. 프루브에는 '1x' 와 '10x'를 선택하는 스위치가 있다. 오실로스코프로 측정을 할 때 입력 전압의 크기에 대해서 가늠하기 힘든 경우 순간적으로 높은 전압이 들어오면 오실로스코프가 파손될 우려가 있으므로 먼저 '10x'로 설정하고 측정하는 것이 좋다. 또한 배율에 따라 측정 대역폭이 변화하는 점도 고려하여야 한다.

높은 주파수 신호를 측정할 경우는 프루브 입력 부분에 있는 캐패시터의 임피던스에 의해 영향을 많이 받게 된다. 따라서 프루브에는 캐패시턴스를 보정할 수 있는 부분이 있는데 이 부분을 일자 드라이버로 조절할 수 있다.

프루브에 의해 접촉되는 회로의 파형을 전압으로 측정하게 되는데, 이때 측정되는 전압은 측정점과 접지(GND) 사이의 전압차이다. 따라서 특정 노드(node) 간의 전압차를 측정하고자 할 때는 프루브에 연결된 접지 단자 집게를 이용하여 양단간의 전압을 측정하면 된다.

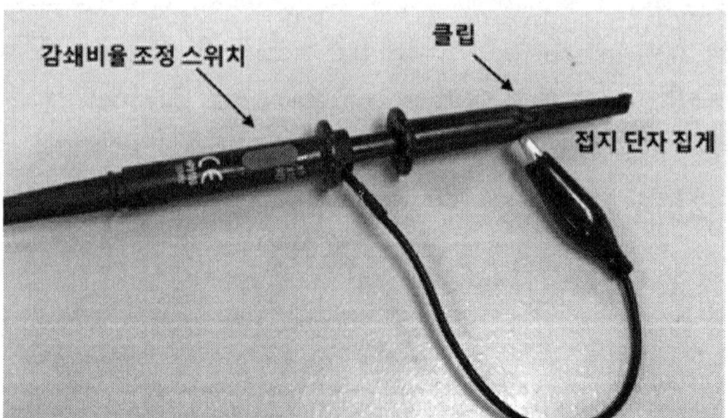

[그림 6] Probe 사진 및 부분 명칭

02 함수 발생기(Function Generator)

1 함수 발생기의 기능 및 정의

함수발생기(Function Generator) 또는 신호발생기(Signal Generator)는 낮은 레벨의 다양한 교류(AC) 신호를 만들어 제공해주는 장비로 보통 규칙적인 파형의 주파수 계측 기능도 가지고 있다. 일반적으로 사인파(sine wave), 사각파(rectangular wave), 삼각파(sawtooth wave) 등을 제공하며, 진폭(amplitude)의 조절은 전압(voltage) 조절로 이루어지고, 주파수의 가변이 가능하다. 사각파의 경우 듀티 사이클(duty cycle)의 변화를 제공하는 장비도 있다. 디지털 회로에서 입력파형으로 요구되는 TTL 및 CMOS 논리 신호도 제공되므로 디지털회로 분석에도 용이하다.

[그림 7] 함수발생기 사진

2 화면 표시

함수발생기에서 출력되는 신호의 상태를 나타내므로 원하는 신호를 출력할 수 있도록 설정한다. 장비마다 설정 버튼과 다이얼 사용 및 위치가 다르나 기본적으로 설정하는 내용은 동일하므로 아래 방법을 참고하면 된다. 각 값의 입력은 다이얼 또는 키패드의 숫자를 사용하고 화면에 표시된 단위를 누르면 입력이 완료된다.

- ❑ FUNC(Function): 출력할 신호의 파형을 결정한다. 주로 사인파, 사각파, 삼각파 등의 기본 파형을 제공한다.
- ❑ FREQ(Frequency): 출력할 신호의 주파수를 설정한다. 스케일에 따라 Hz, kHz, MHz 등을 설정하면 된다.
- ❑ AMPT(Amplitude): 신호의 크기를 전압단위로 입력한다. 주의할 점은 설정한 크기가 V_p(Zero-to-PeakVoltage)인지, V_{pp}(Peak-to-PeakVoltage)인지, V_{rms}(Root-Mean-SquareVoltage)인지 구분하여야 한다.
- ❑ OFST(Offset): AC 파형에 대한 DC 오프셋 전압을 입력한다.
- ❑ DUTY(Duty Cycle): 사각파의 출력시 듀티 사이클(Duty Cycle)을 조정한다.

[그림 8] 함수발생기 패널

3 출력 포트(Output Port)

- ❑ SYNC: 다른 함수 발생기의 신호와 동기를 맞추기 위해 연결할 때 사용한다.
- ❑ MAIN: 주 출력 포트이고, 임피던스를 소프트 키로 조절할 수 있어 50Ω 임피던스와 높은 임피던스(High-Z)를 선택할 수 있다. 장비에 따라 각각의 임피던스 포트가 따로 있는 것이 있다.
- ❑ OUTPUT: 최근에 출시된 장비의 경우는 신호의 출력 여부를 선택하는 버튼을 가지고 있다. 이는 설정시 또는 실험을 잠시 중단하였을 경우 출력신호가 나오지 않으면서 장비의 모든 설정을 유지하고 있다. 따라서 실험을 위해서는 OUTPUT 버튼을 눌러 신호가 출력되도록 하여야 한다.

03

케이블의 종류와 특성

아날로그 회로의 측정을 위해서는 다양한 종류의 케이블이 사용된다. DC의 경우와 달리 AC는 신호의 크기가 양 극단으로 변화하므로 어떤 의미에서는 +와 －의 구분이 없기도 하다. 그러나 사용자의 혼돈을 막고 reference로 사용하는 GND와의 연결 등을 고려하여 신호선과 접지선의 두 선을 구분하여 사용한다. 이처럼 빠르게 변화하는 작은 크기의 신호를 전달해야 하므로 케이블에서 잡음 영향을 최대한 배제하는 것이 매우 중요하다.

1 동축 케이블(Coaxial Cable)

동축 케이블은 신호 선에 해당하는 중심 핀(center pin)과 그 외부를 원통형으로 감싸고 있는 접지면으로 구성되어 있다. 접지에 의해 신호선이 보호되어 외부 잡음에 강한 특성을 가지고 있으며 케이블의 유연성이 비교적 좋아 가장 많이 쓰이는 케이블이다. 중심 핀과 접지면 사이에는 테프론(Teflon) 등의 유전 물질로 채워져 있으며, 원통형 외부 접지면은 원통 도체 또는 가는 도선으로 만든 망사형 등으로 만들어진다. 때문에 원통형 도체로 만든 케이블은 잘 휘어지지 않으므로 리지드(rigid) 케이블이라 하고, 이보다 쉽게 휘어지는 것은 세미 리지드(semi-rigid) 케이블이라 한다.

2 커넥터(Connector)와 어댑터(Adaptor)

케이블을 연결하는 단자에는 커넥터 또는 어댑터가 있다. 커넥터는 케이블이나 기판에 연결되어 다른 커넥터나 어댑터와 연결할 수 있는 단자이며, 어댑터는 단자와 단자 사이를 연결하는 일종의 연결 장치 또는 변환 장치이다. 이때 서로 다른 케이블 타입으로 변환이 가능하며, 이를 변환 어댑터라 한다.

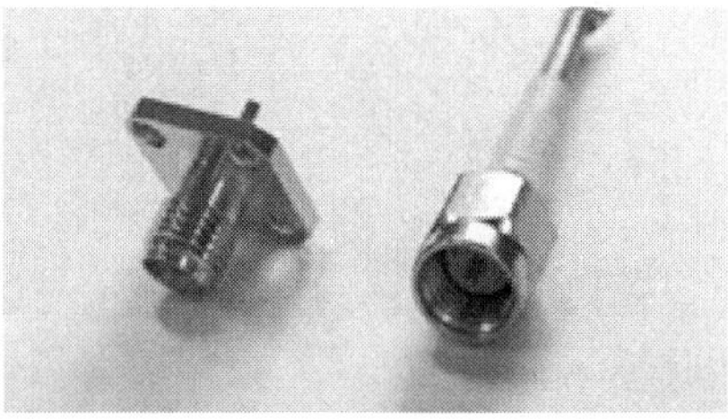

(a) 커넥터

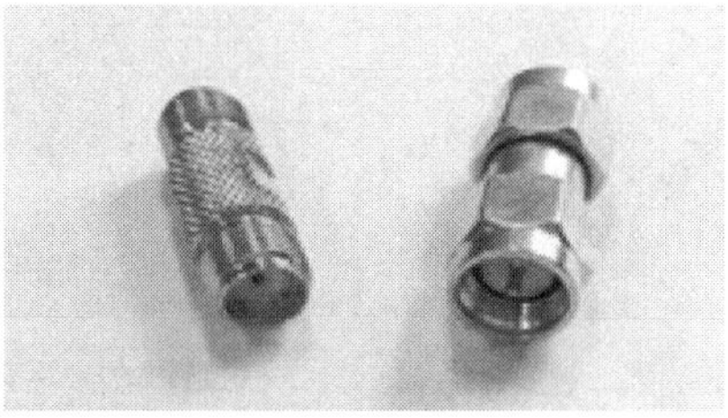

(b) 어댑터

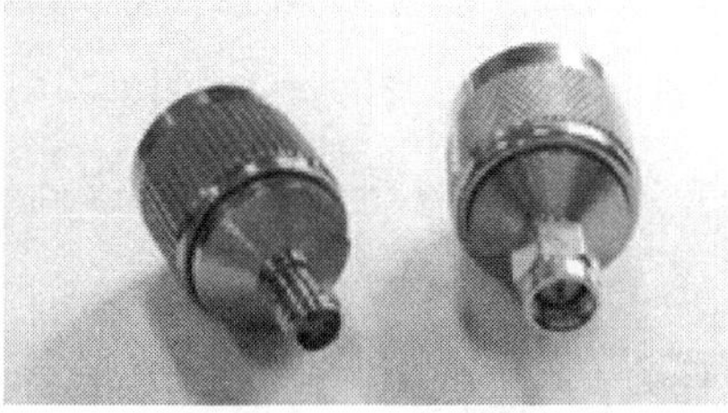

(c) 변환 어댑터 (N-Type to SMA)

[그림 9] 커넥터와 어댑터

3 커넥터의 암수(Female and Male)

동축케이블을 연결하기 위해서 동일한 타입의 커넥터도 암(female)/수(male)가 구분되어 있다. 동축케이블의 중심 핀 부분의 모양이 돌출되어 있으면 수(male) 타입 이라 하며, 함몰되어 있으면 암(female) 타입이라 한다.

4 동축케이블의 타입

❑ **N-type**: 일반적으로 사용하는 동축케이블 가운데 직경이 가장 큰 타입으로 외부 직경이 0.625 인치이며, 11GHz ~ 18GHz의 동작 상한 주파수를 갖는다.

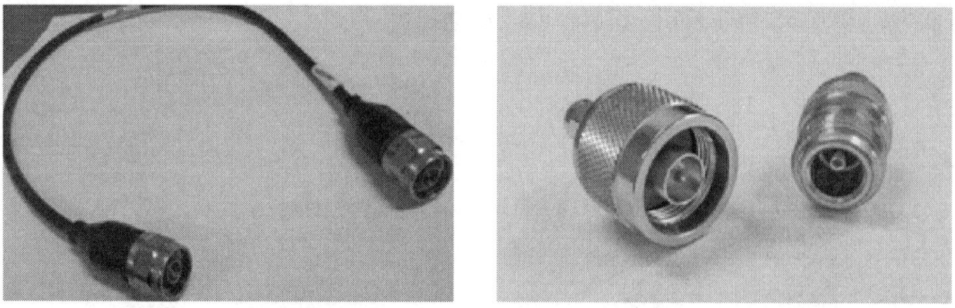

[그림 10] N-Type 케이블과 커넥터

❑ **BNC**: BNC는 Byinet Neil-Concelamn의 준말으로 거의 모든 CCTV와 방송용 장비에서 동축케이블에 영상 신호를 전송하는 기본적인 커넥터로 사용되고 있다. 1GHz 이하의 주파수에서 사용하고, 중심 핀과 직경에 돌려 꽂는 홈이 패여 있다.

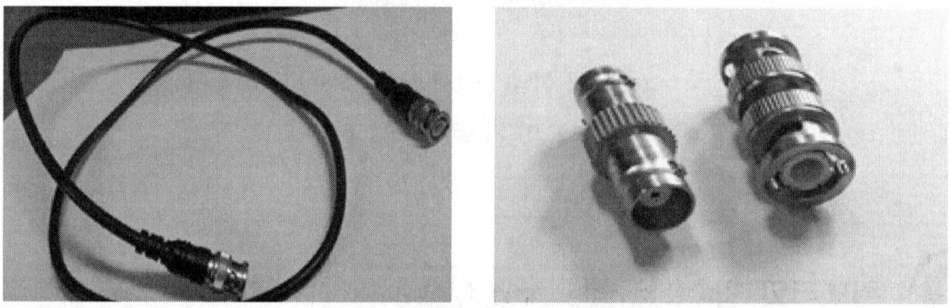

[그림 11] BNC 케이블과 어댑터

❑ **SMA**: 마이크로파 회로에서 가장 많이 쓰이는 타입의 동축 타입으로 외부 직경은 약 0.25인치이고, 사용 상한 주파수는 18GHz ~ 25GHz이다.

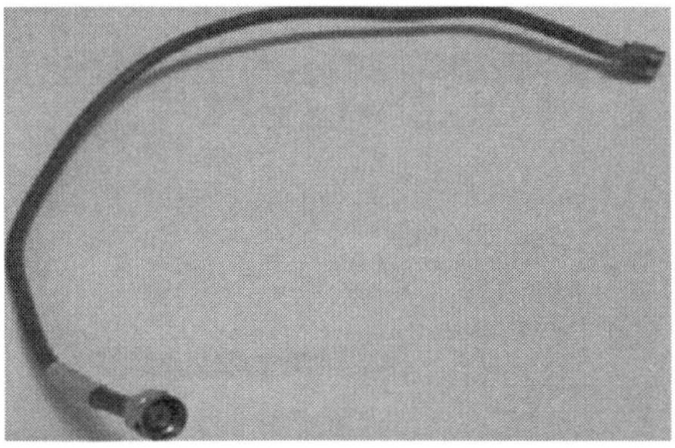

[그림 12] SMA 케이블과 커넥터

❑ 기타 케이블

- 바나나 잭(Banana Jack): 전원공급기, 멀티 미터 등 계측장비 단자에 직접 꽂을 수 있는 모양이며, 중심 단자가 볼록하고 길어 바나나 모양을 연상케 한다.
- 악어 클립: 가장 일반적인 실험용 케이블이며, 주로 DC 전원을 연결하거나 멀티 미터 등의 측정에 사용한다. AC 측정 케이블로는 적합하지 않다.

[그림 13] 바나나 잭

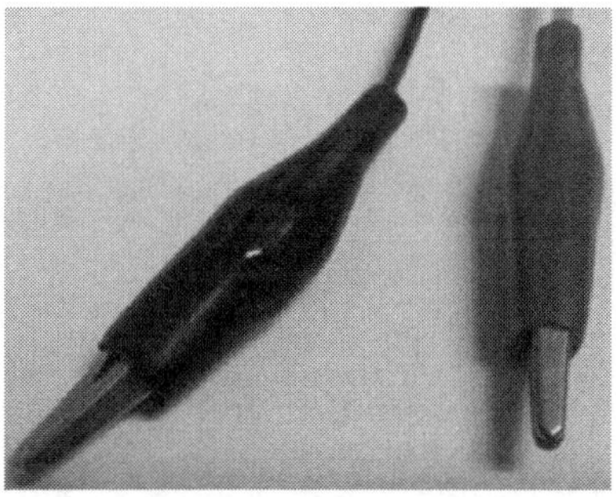

[그림 14] 악어 클립

나를 나의 주인으로 생각하는 연습하기

김 종 진
(Principal Member of Technical Staff, Maxim Integrated, California, USA)

세상에는 많은 분야가 있고 그 분야에서 오랜 세월 동안 내공을 쌓아온 대가(大家)나 구루(Guru)들이 있다. 우리선배들이 이루어 놓은 마당 위에 우리가 발을 딛고 서있고 그 노고로 인해 우리가 좀 더 튼튼하게 있을 수 있는 것이다. 참 고맙고 덕을 본 것이다. 이것을 잊거나 과소평가하면 절대로 안 된다. 하지만 이러한 대가들의 찬란함에 너무 눈이 부셔서 눈도 못 뜨는 우(愚)를 범하지는 말았으면 한다. 좀 서툴고 많이 어눌해도 내 눈으로 내 생각으로 바라보고 말하는 연습을 하기를 바란다. 즉. 나의 사고를 다른 사람들이 지배하게 하지 말고 틀리고 깨지더라도 나의, 내 몸의, 내머리의 참다운 주인이 되는 연습을 조금씩이라도 시작했으면 한다. 언젠가는, 온전한 나의 주인이 되어 진정한 평화와 행복에 조금씩 가까워지길 바란다.

나는 전자기학을 참 좋아했다. 사실 지금도 좋아한다. 하지만 맥스웰 방정식은 너무 어려웠다. 대가들이 써 놓은 문장 하나 하나가 멋있었지만 너무 어려웠다. 전자 하나가 있는데 움직임이 없으면 전기장이 생기고, 움직이면 자기장이 생긴다고 한다. 더 재미있는 것은 이 움직임이 상대적인 것이라는 점이다. 다시 말해, 한 명의 관찰자는 전자와 같은 속도로 움직이고 다른 관찰자는 정지해 있다면, 움직이는 관찰자는 전기장을 느끼고 정지해 있는 관찰자는 자기장을 느낀다고 한다. 전자라는 본질이 하나인데 관찰자의 위치나 변화에 따라 달라진다는 것이다. 이게 무슨 소리인가? 참 신기하고 신기했다. 도대체 어떻게 이런 개념들을 생각해 냈을까? 그 생각의 흐름을 따라가기가 여간 어려운 것이 아니었다. 아무리 해도 나하고는 거리가 멀게만 느껴졌다. 그렇게 헤매다 도저히 해도 안되니 그냥 내 방식대로 생각하기 시작했다.
"내가 처음으로 이것을 발견했더라면…… 내가 만들어야 한다면…… 내가 책을 쓴다면…… 내가 누군가에게 설명을 해 준다면……"
하고 생각하고 고민하니 아주 더디고 느리지만 나만의 다른 어설픈 언어들이 생기기 시작했다.

어차피 정도의 차이는 있겠지만 회사에서 프로젝트를 하던, 사람들과 관계를 맺던, 자기의 삶을 살아가는데 누구도 정답을 가지고 있지 않고 알 수도 없다. 그래서 오늘도 조금씩 조금씩 나의 주인이 되는 연습을 했으면 한다. 이렇게 독립적인 하나의 주체가 되어야 대가들의 생각에 매몰되는 것이 아니라, 내가 소화한 방식대로 내 삶을 만들어 나갈 수 있는 것이다. 거인들의 발 밑에 깔리지 않고 거인의 어깨 위에 올라 탈수 있게 되기를 진정으로 기원한다.

내가 나의 주인으로, 내 생각이 있어야, 또 다른 온전한 타인과 생각을 주고 받을 수 있는 것이다.

II

전자회로 실험

실험

01

다이오드 특성 및 반파 정류회로

1 실험 목표

반도체 다이오드의 I-V 특성을 측정하고, p-n 접합 다이오드의 기초 응용 회로인 반파 정류회로의 동작 원리 및 출력 파형을 관찰한다.

2 예비 리포트 작성

- p-n 접합 다이오드의 등가 회로 모델을 장벽 전위(barrier potential)와 내부 저항을 고려하여 기술한다. 등가회로 모델을 그리고 특성을 설명한다.
- 위 모델에 기초한 I-V 특성 곡선을 그리고, 주요 지점의 의미를 설명한다.
- [표 1.2]의 측정 결과를 예측하고 디지털 멀티미터의 AC 측정과 DC 측정이 아날로그 파형의 어떤 값을 표시하는지 구별하여 정리한다.
- 반파 정류회로의 다이오드 양단과 부하저항 양단에 걸리는 교류 신호의 파형을 예측하여 도시하고 그 이유를 생각해 본다.

3 실험 준비물

1. 장비: 전원공급기, 디지털 멀티미터, 함수발생기, 오실로스코프
2. 다이오드 1N4148
3. 시멘트저항 75Ω (>5W)
4. 탄소저항 1kΩ (>1/2W)

4 실험 방법

(1) 다이오드 I–V 특성 실험

1. [그림 1.1]의 회로를 구성한다. 직류 전압원을 공급하고 다이오드에 걸리는 직류 전압과 직류 전류를 측정하도록 설정을 갖춘다.
2. 전원공급기의 전압을 조절하여 다이오드 인가 전압 V_F과 다이오드에 흐르는 전류 I_F를 각각 측정하여 [표 1.1]에 기록한다. (여기서, V_F의 값을 전원 공급기 표시 값으로 읽지 않도록 주의한다.)

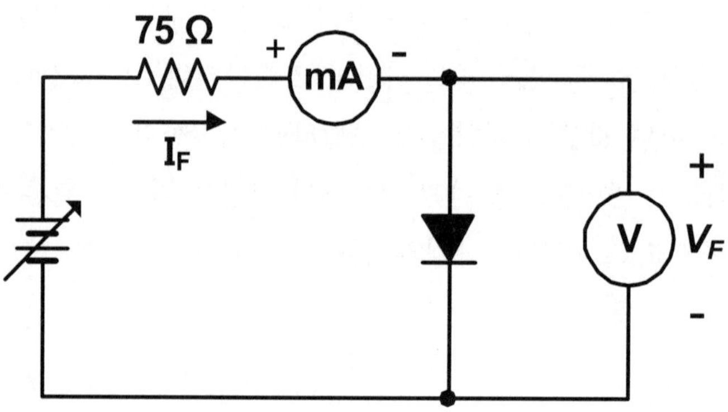

[그림 1.1] 순방향 I–V 특성 측정

3. 역방향 특성 측정을 위해 [그림 1.2]의 회로를 구성한다.
4. 전원공급기 전압을 증가시키며 [표 1.1]에 주어진 각 V_R의 값에 대한 I_R를 측정하여 기록한다. (I_R은 매우 작으므로 마이크로 암페어 [μA] 스케일로 측정한다.)
5. 순방향과 역방향 특성 측정 결과를 [그림 1.4]에 도시한다. (측정값의 스케일에 유의하여 그릴 것)

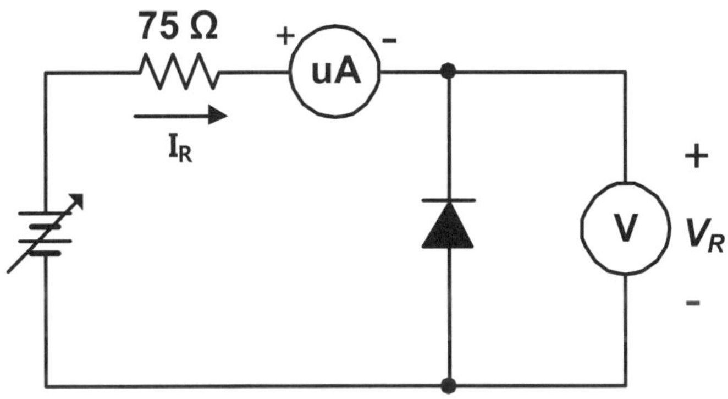

[그림 1.2] 역방향 I-V 특성 측정

(2) 반파 정류회로 실험

1. [그림 1.3]의 회로를 구성한다.

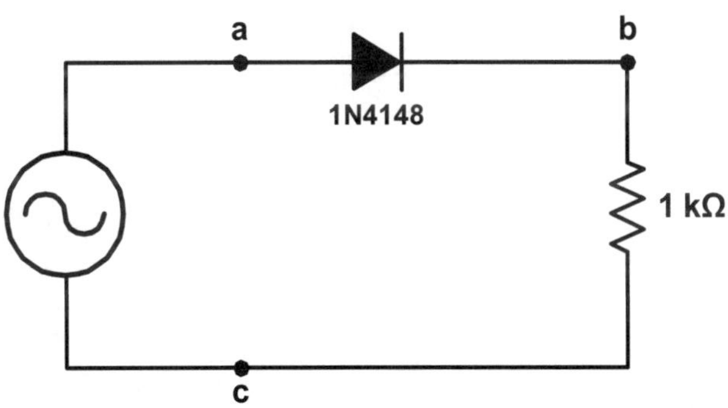

[그림 1.3] 다이오드의 정류 특성 측정

2. 함수발생기를 이용하여 V_{pp}=5V, 1kHz의 정현파 교류 전원을 발생시킨 후, 오실로스코프로 실제 파형과 크기를 확인한다.
3. 푸루브를 a와 c에 연결하여, 오실로스코프에 나타난 파형을 [그림 1.5]에 그리고 [표 1.2]에 a-c 양단의 V_{pp}(V_{PEAK}-to-V_{PEAK})를 측정하여 기록한다. 파형의 기록시 x축에 입력 신호의 주기에 따른 시간을 눈금으로 표시하고, y축에는 전압 눈금을 표기한다.
4. 디지털 멀티미터를 이용하여 동일한 단자에 대해 AC와 DC 전압을 측정한다.
5. 위 3-4의 실험을 다이오드 양단 전압 a-b와 부하저항 R_L의 양단 전압 b-c에 대해 반복하고 결과를 [표 1.2]와 [그림 1.6], [그림 1.7]에 기록한다.
6. 두 개의 프루브를 이용하여 a-c 단자와 b-c 단자를 각각 연결하고, 동일한 스케일로 입출력 신호를 비교해 본다. 오실로스코스의 출력 파형에서 측정하는 다이오드의 장벽전위를 계산해 본다.

5 실험 결과

[표 1.1] 다이오드 실험 측정 기록표

V_F [V]	0	0.1	0.2	0.3	0.4	0.5	0.6	0.7	0.8	0.9
I_F [mA]										
V_R [V]	0	0.1	0.5	1.0	1.5	2	2.5	3	3.5	4.0
I_R [mA]										

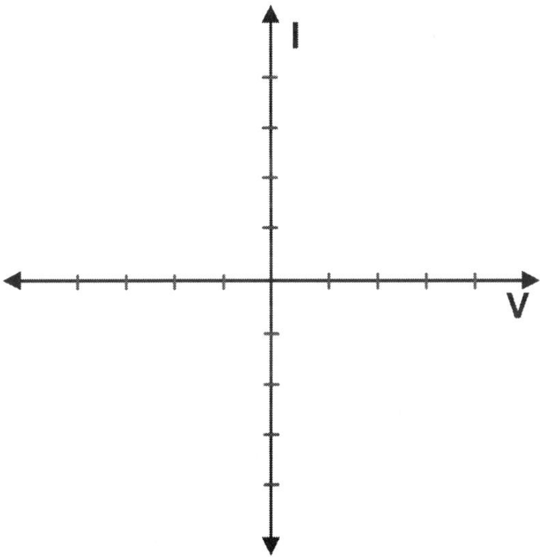

[그림 1.4] 다이오드의 I–V 특성곡선

[표 1.2] 반파 정류 회로의 출력 전압

단자	스코프로 측정한 V_{pp}	멀티미터로 측정한 AC 전압	멀티미터로 측정한 DC 전압
a–c			
a–b			
b–c			

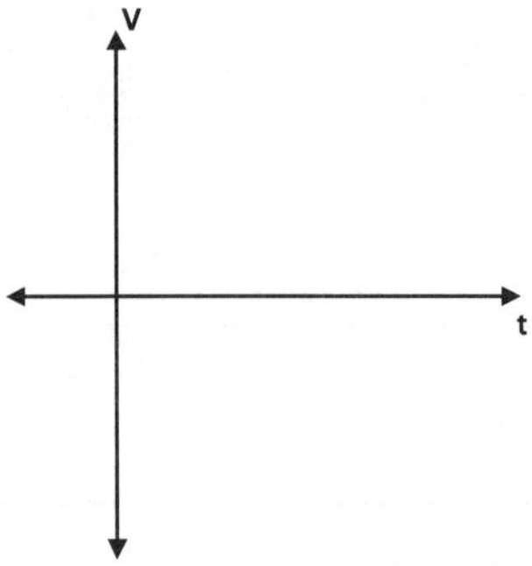

[그림 1.5] a–c 전압 파형

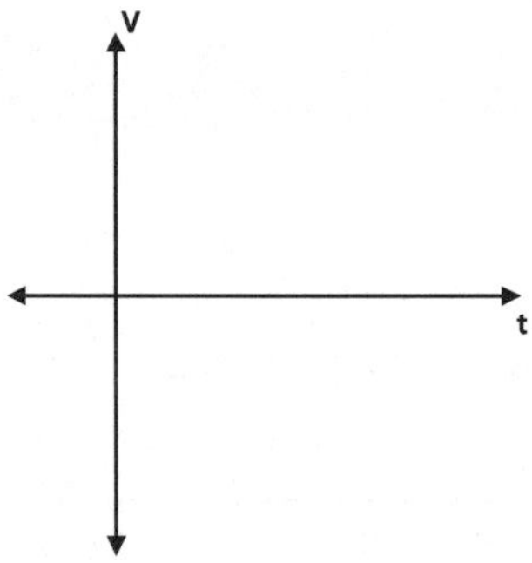

[그림 1.6] a–b 전압 파형

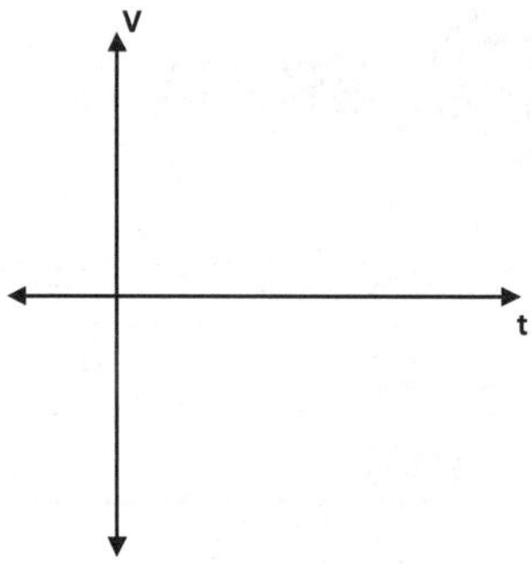

[그림 1.7] b–c 전압 파형

6 실험 고찰 및 결과리포트 작성

- 예비 리포트에서 조사한 다이오드의 물리 모델 및 수식 모델과 비교하여 실험에 의해 얻어진 I-V특성은 어떠했는지 기술하시오.
- 다이오드에 교류 전원을 인가하였을 때 각 단자에서의 출력 특성과 의미하는 바에 대하여 논하시오.
- 사인파를 오실로스코프로 측정한 V_{pp}값과 멀티미터로 측정한 AC 전압값 및 DC 전압값의 차이를 보고 어떤 관계가 있는지 찾아보시오.
- 다이오드의 각 단에 걸린 DC 전압을 무엇에 적용할 수 있을지 생각해 보시오.

실험

02

다이오드 브릿지를 이용한 전파 정류회로

1 실험 목표

다이오드 브릿지의 동작 원리를 이해하고, 이를 이용한 전파 정류회로의 동작을 실험적으로 확인한다. 정류 신호의 필터링에 의한 DC 변환 과정을 다양한 소자 값에 대해 실험하고 그 차이점을 이해한다.

2 예비 리포트 작성

- 다이오드 브릿지의 동작원리를 조사하고, 입력 단자(~)에 DC 전압을 (+), (−)와 (−), (+)로 극성을 바꾸어 가며 공급하였을 때, 각 다이오드의 동작과 전류 흐름을 설명한다.
- 측정 장비를 이용하여 다이오드의 극성을 측정하는 방법을 찾아본다.
- 다이오드 브릿지에 AC 교류 신호가 입력되었을 때의 출력 파형을 AC의 양(+)의 반주기와 음(−)의 반주기에 대해 각각 기술한다.
- 본 실험의 이론적인 예측 결과를 각 실험 별로 도시해 본다.

3 실험 준비물

1. 장비: 전원공급기, 디지털 멀티미터, 함수발생기(또는 트랜스포머), 오실로스코프
2. 다이오드 브릿지 DF06G
3. 저항 1kΩ 2개, 10kΩ 1개 (>1/2W)
4. 캐패시터 2.2μF, 220μF

주의사항

함수발생기의 음(−)의 출력단자가 GND와 연결된 경우, 다이오드 브릿지에서 음(−)의 신호에 대해 정류가 이루어지지 않고, 반파 정류 특성이 나타나므로 주의해야 한다. (교류 신호원의 접지 특성을 확인하고 트랜스포머와 같은 +/−의 Balanced 신호를 사용)

4 실험 방법

(1) 다이오드 브릿지 특성 측정

1. 다이오드 브릿지의 2개 입력 (~ 표시) 중 한 개와 (+) 단자를 디지털 멀티미터의 +/− 단자로 각각 연결하여 저항값을 측정하고 [표 2.1]에 기록한다. 멀티미터의 극성을 바꾸어 다이오드 브릿지의 +/~ 방향으로 저항값을 측정한다.
2. 측정된 두 값으로 다이오드의 방향을 결정한다.
3. 동일한 방법으로 ~/− 단자의 저항값을 측정하고, 다이오드의 방향을 결정한다.
4. 결정된 다이오드 브릿지의 단자 표기 (~/+/−)를 아래 [그림 2.1]에 표기한다.

(2) 다이오드 브릿지를 이용한 정류회로 실험

1. 앞의 실험에서 찾아진 다이오드 브릿지의 단자 방향에 따라 [그림 2.1]의 회로를 구성한다. (캐패시터는 연결하지 않는다.)
2. 함수발생기를 이용하여 V_{pp} = 5V@ 1kHz의 정현파 교류 전원을 발생시킨 후, 오

실로스코프로 실제 파형과 크기를 확인하여, [그림 2.2]에 기록한다. 시간축과 전압축 눈금을 신호의 주기와 입력 전압을 고려하여 적절하게 표시한다.

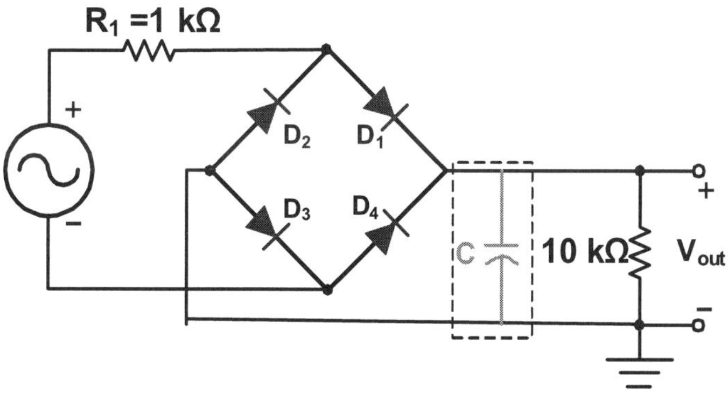

[그림 2.1] 다이오드 브릿지를 이용한 전파 정류회로

참고 트랜스포머를 사용할 경우 부하에 걸리는 전압이 5V 내외가 되도록 전압분배기 이론을 이용하여 R_1을 설정한다. (예: 트랜스포머 출력 전압이 $V_p = 25V$이면, 부하저항이 1kΩ이므로 R_1을 4kΩ이므로 설정한다. $V_{out} = 25V \times 1k\Omega/(4k\Omega + 1k\Omega) = 5V$)

3. 위 회로에 교류 전원을 연결한 후, 부하 저항 양단의 전압 파형을 오실로스코프를 이용하여 측정한다.
4. 2개의 프루브를 이용하여 입출력 파형을 동시에 측정하여 비교하고, [그림 2.2]에 함께 겹쳐 그린다. 이때 전압의 크기와 시간 축의 크로스 점 등의 스케일 값을 정확하게 표기한다.

(3) 정류회로의 필터링 특성 실험

1. [그림 2.1]의 회로도에 점선으로 표기된 위치에 2.2μF의 캐패시터를 부하저항과 병렬로 연결하고, 입출력 파형을 비교한다.
2. 캐패시터를 220μF으로 교체하여 출력 변화를 관찰한다.
3. 입력 파형과 2가지 출력 파형을 [그림 2.2]와 동일한 눈금을 유지한 채 [그림 2.3]에 겹쳐 그린다.

4. 캐새시터를 2.2μF으로 고정하고, 부하 저항을 1kΩ과 10kΩ으로 변화시키며, 출력 파형의 변화를 관찰한다.

5. 동일한 방법으로 입력 파형과 2가지 출력 파형을 [그림 2.4]에 겹쳐 그린다.

5 실험 결과

[표 2.1] 다이오드 브릿지 전압측정

단 자	~ / +	+ / ~	~ / −	− / ~
저항 (Ω)				
다이오드 방향				

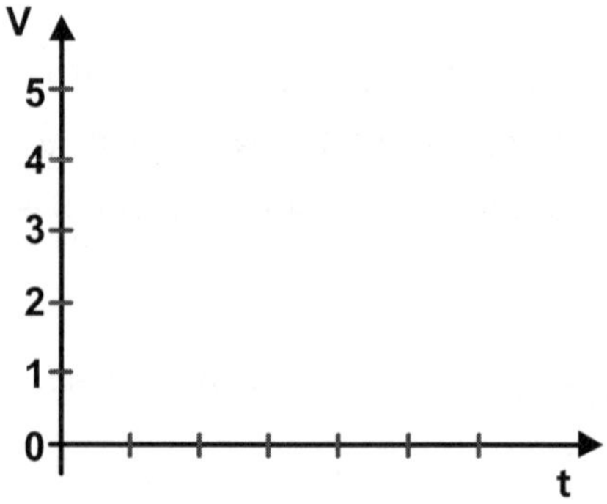

[그림 2.2] 다이오드 브릿지의 교류 입출력 파형 비교

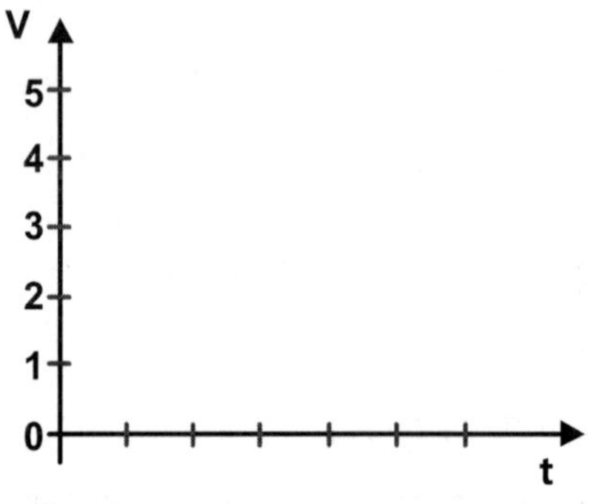

[그림 2.3] 2.2μF/220μF에 의한 필터링(R_L=10kΩ)

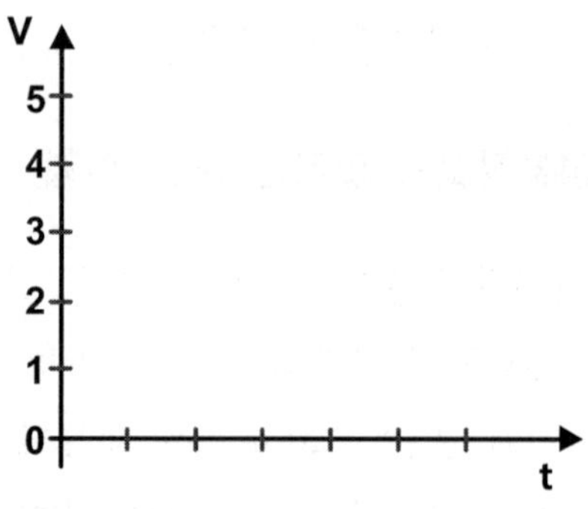

[그림 2.4] 1kΩ/10kΩ에 의한 필터링(C=2.2μF)

6 실험 고찰 및 결과 리포트 작성

- 다이오드 브릿지에서 1개의 다이오드가 파손되었을 때 출력 신호는 어떻게 나타나는 지에 대해 논하시오.
- 반파 정류회로 및 중간탭을 이용한 전파 정류회로와 비교하여 다이오드 브릿지를 이용한 전파 정류회로의 장단점을 논하시오.
- 다이오드 정류회로의 출력 신호를 양질의 DC로 변환하기 위해 사용한 필터링 방법들을 [그림 2.3]과 [그림 2.4]를 참고하여 비교하고, 각각의 장단점을 기술하시오.

실험

03 다이오드 리미팅 회로

1 실험 목표

교류 신호 파형의 상·하한 출력 전압을 제한하는 리미팅 회로(리미터, limiter)의 동작 원리를 이해하고, 다이오드를 이용한 리미팅 회로를 구현하여 출력 신호의 파형과 전압 등을 측정한다.

2 예비 리포트 작성

- 실험에 사용할 각 회로에서 다이오드가 On/Off로 동작하는 노드(node)의 전압 조건을 각각 찾아 회로에 표기한다.
- 위에서 찾아진 다이오드의 동작 조건에 비추어 교류 입력 신호에 대한 출력 신호 파형을 예측하여 입력 신호와 비교하여 그래프로 도시한다. 그래프의 피크 값과 시간축 교차점 등을 계산하여 표시한다.
- 출력 파형 예측 시, 부하 저항 값의 변화에 따라 출력되는 교류 신호의 크기가 어떻게 바뀌는지 전압분배 회로 이론을 이용하여 설명해 본다.

3 실험 준비물

1. 장비: 전원공급기, 디지털 멀티미터, 함수발생기, 오실로스코프
2. 다이오드1N4148(또는 제너 다이오드1N5231)
3. 저항 1kΩ 2개, 10kΩ 1개 (>1/2W)

4 실험 방법

(1) 다이오드 리미팅 회로 실험

1. 함수발생기를 이용하여 V_{pp}=10V @ 1kHz의 교류 전원을 발생시킨 후, 오실로스코프로 실제 파형과 크기를 확인하고, [그림 3.1(a)]의 회로를 구성한다.
2. 오실로스코프를 이용하여 부하저항(R_L)에 걸리는 출력 파형을 입력 파형과 비교하여 그리고, 전압과 주기를 입력 신호와 비교하여 기록한다.
   (입출력 비교를 위한 오실로스코프 2개 채널은 모두 DC 커플링(Coupling)이고 오프셋이 0V이어야 한다.)
3. 부하 저항(R_L)을 10kΩ으로 바꾸고 동일 측정을 반복하여 출력 신호의 크기 변화를 비교한다.
4. 위 실험을 [그림 3.1(b)]의 회로에 대하여 반복한다.

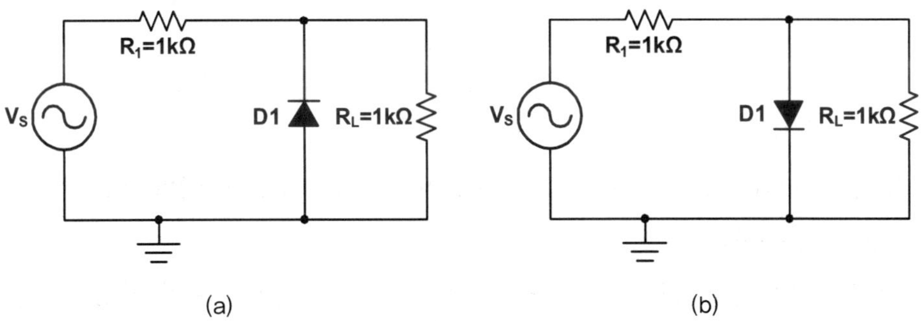

[그림 3.1] 다이오드 리미팅 회로

(2) 병렬 혼합 리미팅 회로 실험

1. [그림 3.2]와 같은 병렬 혼합 리미팅 회로를 구성한다.
2. 앞의 **(1)** 실험과 동일한 교류 신호를 입력하고, 오실로스코프를 이용하여 부하 저항에 걸리는 출력 파형을 그리고, 피크 전압과 주기를 입력 신호와 비교하여 기록한다.

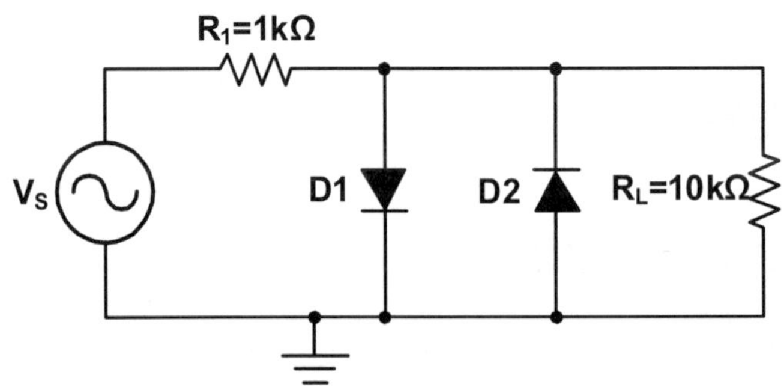

[그림 3.2] 병렬 혼합 리미팅 회로

(3) 바이어스 리미팅 회로 실험

1. [그림 3.3(a)]의 회로를 구성한다.

주의사항

이때 전원공급기의 마이너스(-) 출력은 접지(GND)와 분리되어 있어야 하며, 다중 출력 모드의 전원공급기를 사용할 경우, 각 전원은 독립전원(Independent)으로 동작하도록 설정되어 있어야 한다.

2. 오실로스코프를 이용하여 부하 저항에 걸리는 출력 파형을 그리고, 전압과 주기를 입력 신호와 비교하여 기록한다.
3. [그림 3.3(a)] 회로의 다이오드 방향을 바꾸어 [그림 3.3(b)]의 회로를 구성하고, 측정을 반복한다.
4. 전원공급기의 극성을 바꾸어 연결하여 [그림 3.3(c)]의 회로를 구성하고 동일 측정을 반복한다.

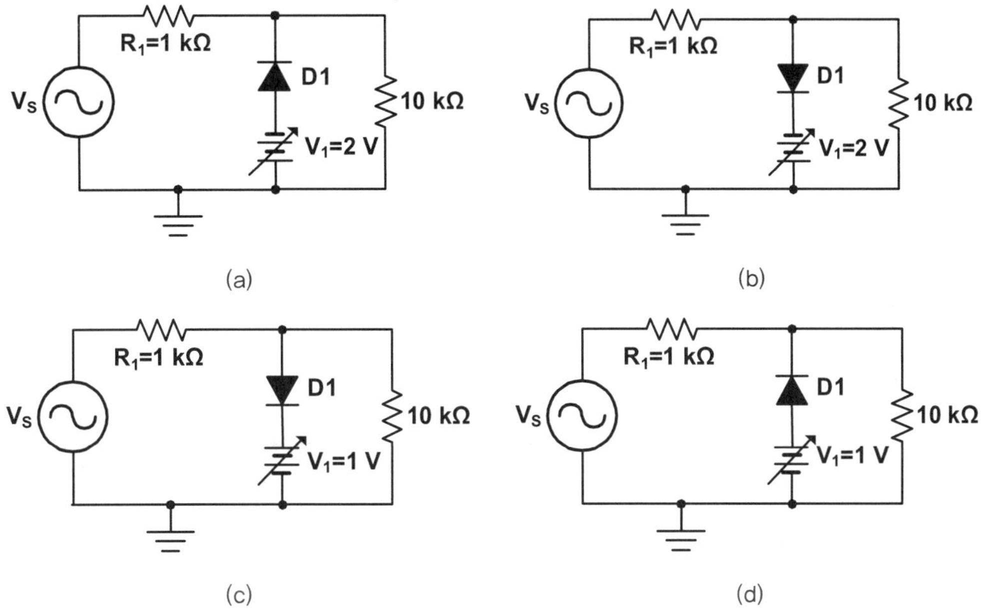

[그림 3.3] 병렬 혼합 리미팅 회로

5. 다이오드의 극성을 바꾸어 [그림 3.3(d)]의 회로를 구성하고 측정을 반복한다.

6. [그림 3.4]의 회로를 구성한다.

7. 오실로스코프를 이용하여 부하저항에 걸리는 출력 파형을 그리고, 전압과 주기를 입력 신호와 비교하여 기록한다.

8. 전원공급기의 전압 V_1및 V_2를 각각 변화시키며 파형과 리미팅 전압값의 변화를 관찰한다.

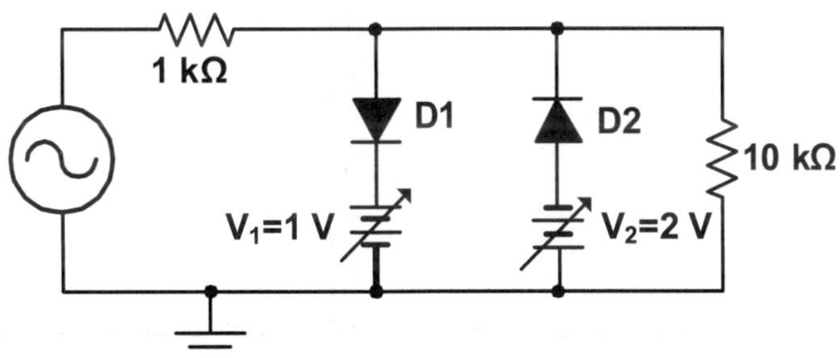

[그림 3.4] 가변 혼합 리미팅 회로

5 실험 결과

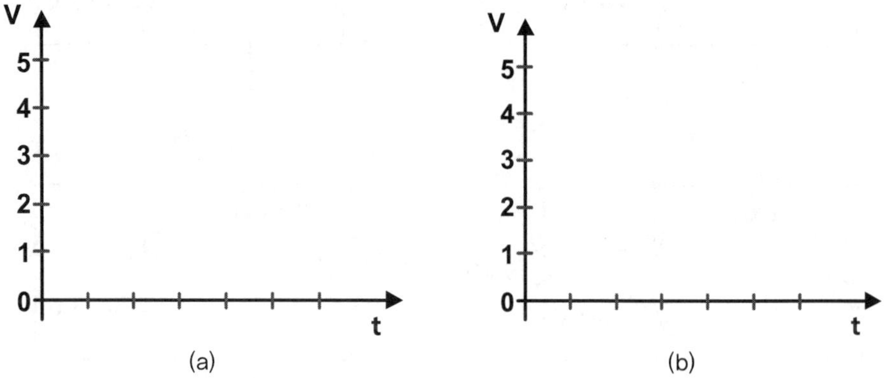

[그림 3.5] 다이오드 리미팅 회로의 출력 파형(R_L=1kΩ&10kΩ)

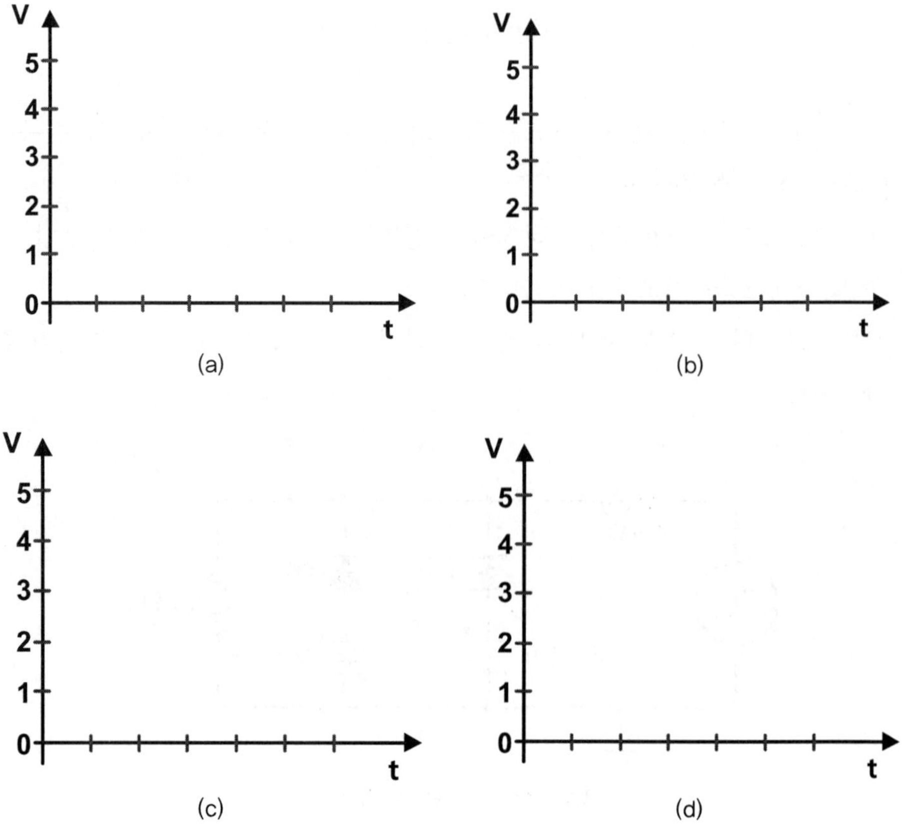

[그림 3.6] 가변 리미팅 회로의 출력 파형

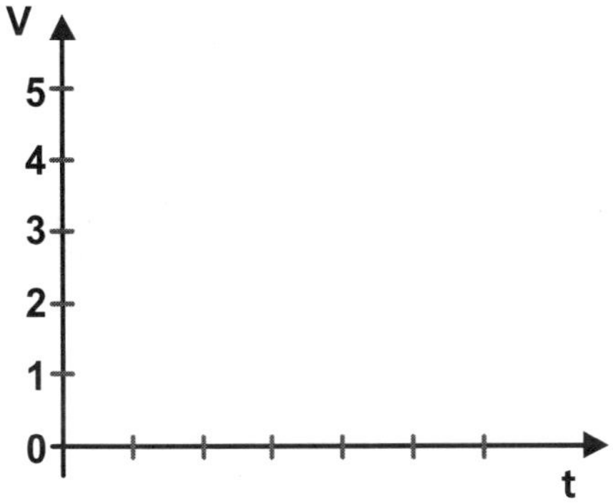

(a) 기본 출력 파형

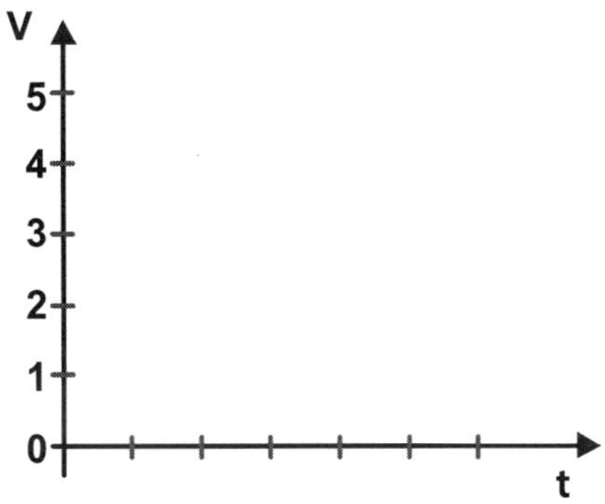

(b) V_1변화 후 출력 파형

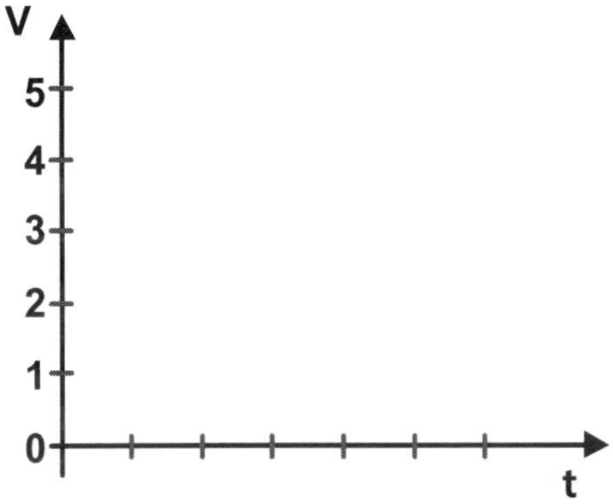

(c) V_2변화 후 출력 파형

[그림 3.7] 가변 혼합 리미팅 회로의 출력 파형

6 실험 고찰 및 결과리포트 작성

각 리미터 회로들에 대해 이론치와 실험 결과를 비교하고, 오차 분석 및 동작 원리에 대해 각각 기술하시오.

실험 04

제너 다이오드 특성 및 정전압 회로 실험

1 실험 목표

제너 다이오드(Zener diode)의 역방향 바이어스 특성을 측정하여 정전압 정류 기능 및 제너 저항 값을 구할 수 있다. 제너 다이오드를 이용한 정전압 공급 회로를 구성하고 그 역할을 확인한다.

2 예비 리포트 작성

- 주어진 제너 다이오드의 스펙을 보고 제너 다이오드의 역방향 동작 곡선을 그리고, 각 점에서의 이론값(V_{ZK},V_{ZT},V_{ZM},I_{ZK},I_{ZT},I_{ZM})을 계산한다.
- 제너 정류 회로 실험에 대한 이론적인 계산 값을 계산하여 실험 결과를 예측해 본다. (제너 전압은 V_{ZT}로 가정한다.)

3 실험 준비물

1. 장비: 전원공급기, 디지털 멀티미터
2. 제너 다이오드 1N5231
3. 시멘트저항 75Ω (>5W)
4. 탄소저항 1kΩ 2개, 2kΩ, 10kΩ 각 1개 (>1/2W)

4 실험 방법

(1) 제너 다이오드의 역방향 I–V 특성 실험

1. 75Ω의 시멘트저항을 이용하여 [그림 4.1]의 회로를 구성한다.
2. 전원공급기의 출력을 증가시키면서 제너 다이오드 양단의 전압(V_z)과 그 값에서 전류값을 측정한다. (주의: 이때 전압 값은 전원공급기의 전압과 다르므로 유의해야 한다.)

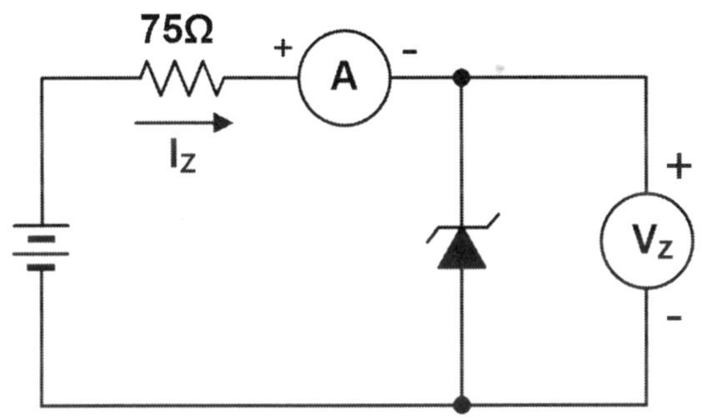

[그림 4.1] 제너 다이오드 역방향 I–V 특성 실험 회로

3. 제너 다이오드 전압을 0V에서 8V까지 0.5V 단위로 측정하고, 측정된 전압과 전류값을 [표 4.1]에 기록한다.
4. [표 4.1]에 측정된 각각의 전압과 전류에 대한 순간 내부 저항을 계산하여 기록한다. ($R_z[\Omega] = I_z[mA]/V_z[\Omega]/1000$)
5. [표 4.1]의 데이터로 제너 다이오드의 역방향 I-V 특성 곡선 그래프를 [그림 4.3]에 그리고, 기울기를 이용한 전체 구간에서의 내부 제너 저항 값을 계산한다. ($R_z[\Omega] = \Delta I_z[mA]/\Delta V_z[\Omega]/1000$)

(2) 전압원 변화에 따른 제너 다이오드의 정전압 기능

1. 다음의 [그림 4.2] 회로를 구성한다.

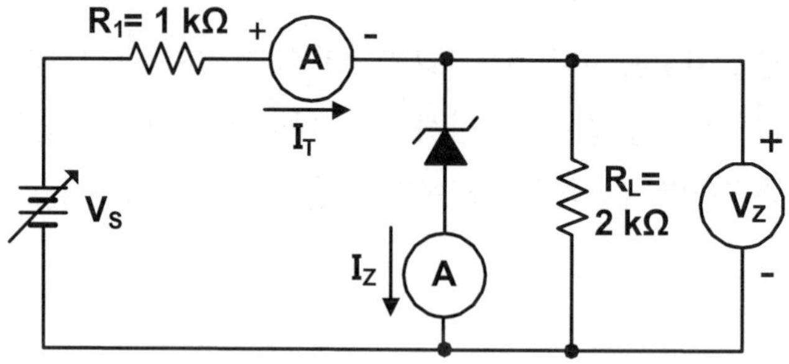

[그림 4.2] 전압원 변화에 따른 제너 다이오드 정전압 특성 실험

2. 전원공급기의 출력 전압을 12V로 설정하고, 이때 전체 전류(I_T), 부하 전류(I_{R_L})와 제너 다이오드의 전압(V_Z) 및 전류(I_Z)를 각각 측정한다.
3. 전원 공급기의 출력 전압을 10V와 14V로 변화시키며, 각각의 전압과 전류를 측정하여 [표 4.2]에 기록한다.

(3) 부하 변동에 따른 제너 다이오드의 정전압 기능

1. 위 [그림 4.2]의 회로에서 전압원 출력 전압을 12V로 고정하고, 부하 저항을 1kΩ으로 바꾸고 동일한 측정을 반복한다.
2. 부하 저항을 10kΩ으로 교체하여 동일한 실험을 반복하고 결과를 [표 4.3]에 기록 한다.

5 실험 결과

[표 4.1] 제너 다이오드의 역방향 I–V 특성

V_Z [V]	I_Z [mA]	R_Z [Ω]	V_Z [V]	I_Z [mA]	R_Z [Ω]
0			4.8		
1.0			4.9		
2.0			5.0		
3.0			5.1		
4.0			5.2		
4.6			5.3		
4.7			5.4		

주의사항

1N5231의 최대 소모전력(P_D)은 0.5W이므로 전류가 100mA가 넘지 않도록 주의한다.

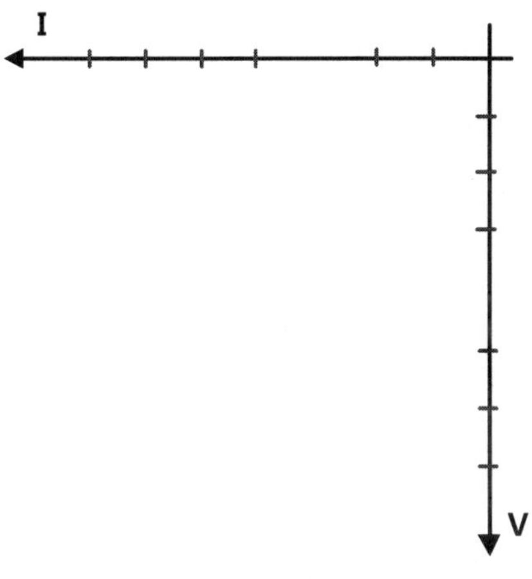

[그림 4.3] 제너 다이오드 역방향 바이어스 특성 곡선

[표 4.2] 전압원 변화에 따른 제너 다이오드의 전압 조절기능

V_S	V_Z [V]	I_T [mA]	I_Z [mA]	I_L [mA]
10				
12				
14				

[표 4.3] 부하 변동에 따른 제너 다이오드의 전압 조절기능

R_L [Ω]	V_Z [V]	I_T [mA]	I_Z [mA]	I_L [mA]
1kΩ				
2kΩ				
10kΩ				

6 실험 고찰 및 결과 리포트 작성

- I-V 특성 곡선 측정을 통해 얻은 값들을 이론치와 비교하고 오차를 분석하시오.
- 제너 저항을 순간 전압과 순간 전류에 의해 얻은 값들과 그래프의 기울기로 얻을 값을 비교하시오.
- 전원 변동과 부하 변동에 따른 제너 다이오드의 정전압 공급 특성을 관찰 분석하고, 이론적 계산값과 실험 결과를 비교하시오.

실험

05 BJT 트랜지스터의 컬렉터 특성 곡선 실험

1 실험 목표

BJT 트랜지스터의 컬렉터 특성 곡선을 I_C및 V_{CE}의 측정을 통해 그리고, 회로의 포화(saturation) 및 차단점(cut-off)에서의 동작점을 관찰한다. 또한 직류 베타(β_{DC}), 내부 출력 저항(r_o) 등을 얻을 수 있다.

2 예비 리포트 작성

- 2N3904 npn 트랜지스터 규격서(specification)로부터 실험을 구성할 회로의 조건에 맞는 직류 베타(β_{DC})를 설정하고, 이에 대한 컬렉터 특성 곡선 실험 값을 계산에 의해 얻는다.
- 계산된 값에 의해 트랜지스터의 컬렉터 특성 곡선을 그려본다.
- 활성(동적) 영역 내의 내부 출력저항(r_o)을 측정에 의해 구하는 방법을 조사한다.

3 실험 준비물

1. 장비: 전원공급기, 디지털 멀티미터
2. BJT 2N3904

3. 저항 10kΩ (>1/2W)
4. 시멘트저항 75Ω (>5W)

4 실험 방법

1. 2N3904 BJT를 이용하여 [그림 5.1]과 같은 회로를 구성한다.
2. V_{BB}를 조절하여 I_B를 0μA로 설정한 후, V_{CC}를 0V로부터 증가시키면서 V_{CE}를 관찰한다.

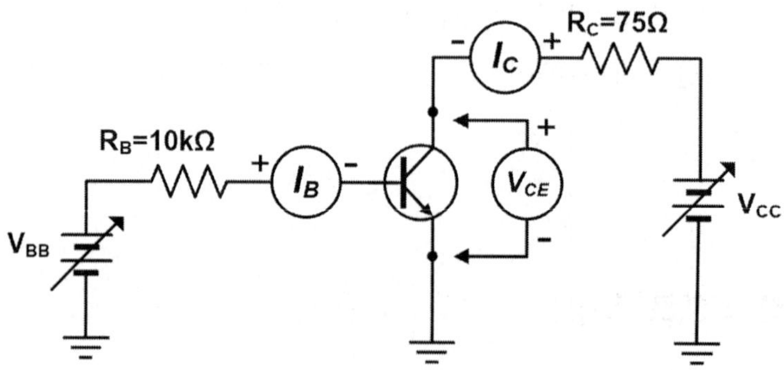

[그림 5.1] BJT의 컬렉터 특성곡선 측정 회로

3. V_{CE}의 값이 0V부터 8V까지 증가 될 때, 각 V_{CE}에서의 I_C를 측정하여 [표 5.1]에 기록한다.
4. V_{BB}를 증가시켜 I_B를 100μA, 200μA, 300μA로 설정한 후, 각각에 대해 위 '3'의 실험을 반복하여 [표 5.1]을 완성한다.
5. [표 5.1]을 이용하여 컬렉터 특성 곡선을 [그림 5.2]와 같이 모눈 종이에 그린다.

5 실험 결과

[표 5.1] 컬렉터 특성 곡선 측정 결과

$I_B=0\mu A$		$I_B=100\mu A$		$I_B=200\mu A$		$I_B=300\mu A$	
V_{CE}	I_C	V_{CE}	I_C	V_{CE}	I_C	V_{CE}	I_C
0V		0V		0V		0V	
0.3V		0.3V		0.3V		0.3V	
0.5V		0.5V		0.5V		0.5V	
0.7V		0.7V		0.7V		0.7V	
1V		1V		1V		1V	
2V		2V		2V		2V	
4V		4V		4V		4V	
6V		6V		6V		6V	
8V		8V		8V		8V	

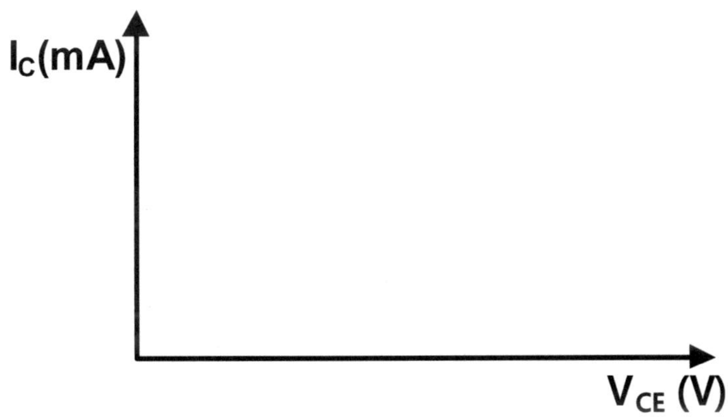

[그림 5.2] 컬렉터 특성곡선 실험결과 그래프

6 실험 고찰 및 결과 리포트 작성

- 실험으로 얻어진 컬렉터 특성 곡선으로부터 직류 베타(β_{DC})를 구하시오.
- 이론치 계산에 사용된 β_{DC}와 실험으로 얻어진 β_{DC}의 차이에 의한 컬렉터 특성 곡선의 차이를 비교하시오.
- 측정된 각각의 I_B에 대해 출력 내부 저항을 계산하시오. ($1/r_o = \Delta I_C/\Delta V_{CE}$)
- 트랜지스터 회로를 차단(cut-off), 포화(saturation) 상태로 만들기 위해 회로를 어떻게 동작시켜야 하는지 논하시오.

실험 06

BJT 트랜지스터 바이어스 회로

1 실험 목표

다양한 종류의 BJT 트랜지스터의 바이어스 회로를 설계하고, 각각의 바이어스 회로의 특징을 확인한다. 전압원과 바이어스 전압에 따른 부하선(load line)을 그리고, 동작점(Q point)을 찾을 수 있다.

2 예비 리포트 작성

- 실험에 사용할 다섯 가지 바이어스 회로의 직류 해석을 통해 각 노드(node) 전압과 가지(branch) 전류를 구한다.
- 각 바이어스 회로의 부하선을 그리고, Q점을 찾아 표기한다.

3 실험 준비물

1. 장비: 전원공급기, 디지털 멀티미터
2. BJT 2N3904
3. 저항 560Ω, 1kΩ, 2.2kΩ, 5.6kΩ, 10kΩ, 330KΩ (>1/2W)

4 실험 방법

(1) 전압분배기 바이어스 회로 실험

1. [그림 6.1]의 전압분배 바이어스 회로를 구성한다.
2. 회로의 각 노드 전압과 브랜치 전류를 측정하여 [표 6.1]에 기록한다.

(2) 에미터 바이어스 회로 실험

1. [그림 6.2]의 에미터 바이어스 회로를 구성한다.

> **주의사항**
>
> 음(−) 전원 발생시, 듀얼 전원 공급기의 내부 연결은 각각 독립적(independent) 상태이어야 하며, 양의 전압 공급기는 음(−) 전원 단자를 접지(GND) 단자와 연결하고, 음의 전압 공급기는 양(+) 전원 단자를 접지(GND) 단자와 연결해야 한다.

2. 회로의 각 노드 전압과 브랜치 전류를 측정하여 [표 6.1]에 기록한다.

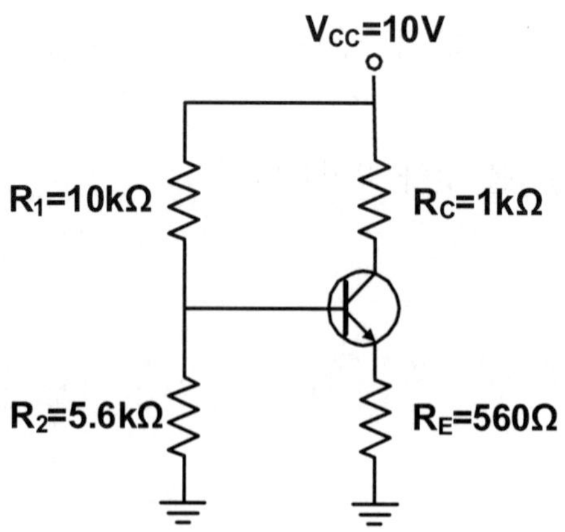

[그림 6.1] 전압분배기 바이어스 회로

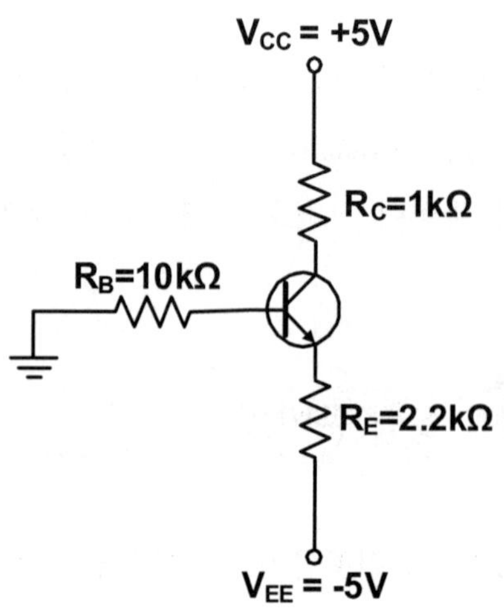

[그림 6.2] 에미터 바이어스 회로

(3) 베이스 바이어스 회로 실험

1. [그림 6.3]의 베이스 바이어스 회로를 구성한다.
2. 회로의 각 노드 전압과 브랜치 전류를 측정하여 [표 6.1]에 기록한다.

(4) 에미터 피드백 바이어스 회로 실험

1. [그림 6.4]의 에미터 피드백 바이어스 회로를 구성한다.
2. 회로의 각 노드 전압과 브랜치 전류를 측정하여 [표 6.1]에 기록한다.

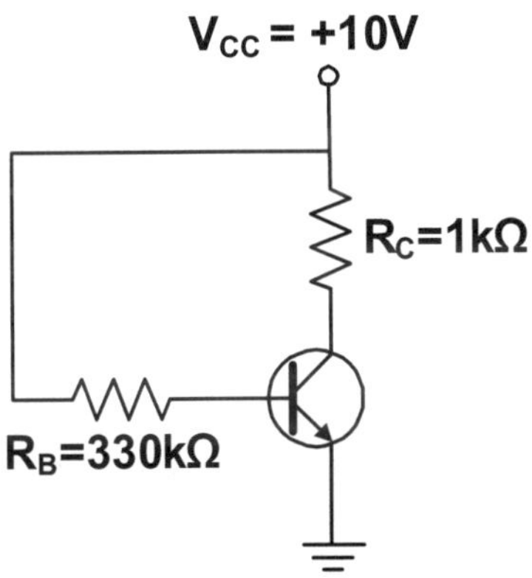

[그림 6.3] 베이스 바이어스 회로

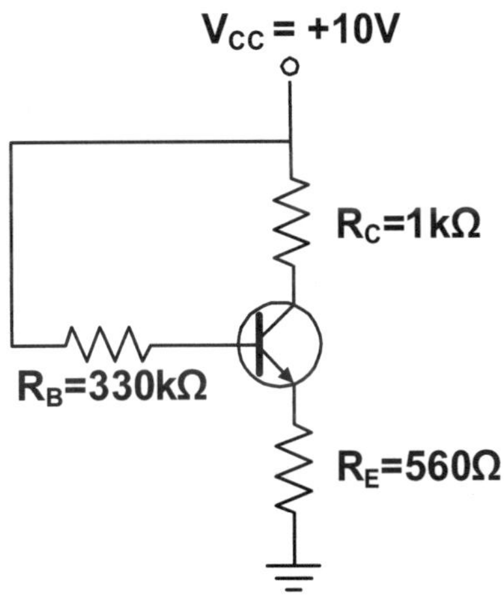

[그림 6.4] 에미터 피드백 바이어스 회로

(5) 컬렉터 피드백 바이어스 회로 실험

1. [그림 6.5]의 컬렉터 피드백 바이어스 회로를 구성한다.
2. 회로의 각 노드 전압과 브랜치 전류를 측정하여 [표 6.1]에 기록한다.

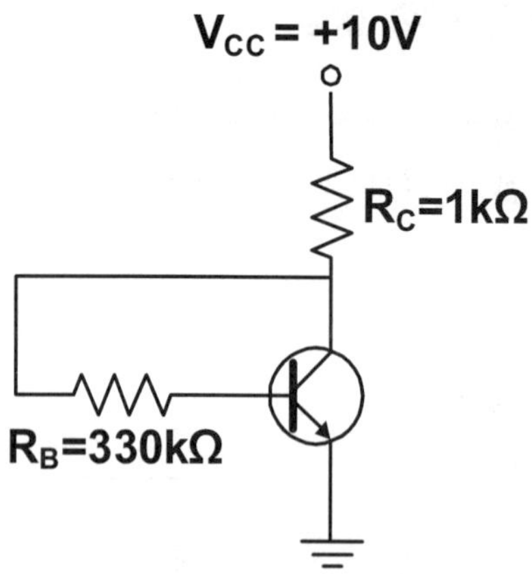

[그림 6.5] 컬렉터 피드백 바이어스 회로

5 실험 결과

[표 6.1] BJT의 바이어스 회로 측정

	전압분배		에미터		베이스		에미터 피드백		컬렉터 피드백	
	이론치	실험치	이론치	실험치	이론치	실험치	이론치	실험치	이론치	실험치
V_B (V)										
V_C (V)										
V_E (V)										
V_{CE} (V)										
I_B (μA)										
I_C (mA)										

6 실험 고찰 및 결과 리포트 작성

- 예비 리포트에서 예측한 이론치와 실험 결과를 비교하고 오차 분석 및 원인을 각각 진단하시오.
- 전압분배 바이어스 회로에서 베이스 전압(V_B)을 얻기 위해 병렬 에미터 저항(R_E)을 고려하는 것과 무시하는 것과의 차이를 비교하시오.

실험

07

BJT 공통 컬렉터 증폭기(에미터 팔로워)

1 실험 목표

BJT 트랜지스터를 이용한 공통 베이스 증폭기 회로를 구성하고, 직류 회로 분석 및 교류 증폭 특성을 실험을 통하여 이론적 개념을 확인한다. DC 블록 캐패시터의 역할을 실험을 통해 확인한다.

2 예비 리포트 작성

- 실험에서 구성할 증폭기의 DC 해석을 통해 동작 전압과 전류 이론치를 계산한다.
- DC 블록 캐패시터의 유무에 따른 동작 DC의 전압과 전류의 변화를 예측하고, 가능한 이론치를 계산한다. (함수발생기의 출력 저항 R_S=50Ω으로 가정한다.)
- AC 해석을 통해 설계된 증폭기의 이론적 이득을 구한다.

3 실험 준비물

1. 장비: 전원공급기, 디지털 멀티미터, 함수발생기, 오실로스코프
2. BJT 2N3904
3. 저항 4.7kΩ 2개, 2.2kΩ, 10kΩ (>1/2W)

4. 캐패시터 10μF 2개
5. 니퍼

4 실험 방법

(1) 증폭기 회로의 DC 해석

1. [그림 7.1]과 같이 공통 컬렉터 증폭기 회로를 구성한다.

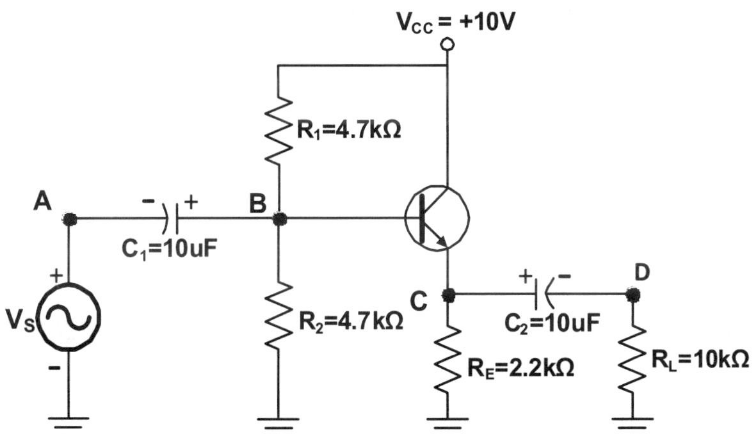

[그림 7.1] 공통 컬렉터 증폭기 회로

2. 전원공급기를 이용하여 DC 바이어스 전원을 공급하고, 함수발생기의 전원을 끈 상태에서 증폭기 각 단의 전압과 전류를 측정하여 [표 7.1]에 기록한다. (*부정확한 바이어스 상태에서는 증폭기가 정상적으로 동작하지 않으므로 입력 신호를 인가하기 전에 반드시 바이어스가 적절하게 잡혔는지 확인해야 한다.)
3. 함수발생기를 연결하고 DC 블록 캐패시터(C_1, C_2)를 각각 단락(short)시킨 상태에서 바이어스 변화를 측정하여 [표 7.1]에 기록한다.

(2) 증폭기 회로의 AC 해석

1. DC 블록 캐패시터(C_1, C_2)를 다시 연결한다.
2. 함수발생기를 이용하여 V_S의 신호를 30mV_{pp} @1kHz의 사인파로 생성하고 오실로스코프를 이용하여 파형을 확인한다.
3. 오실로스코프를 이용하여 A, B, C, D점에서의 신호를 각각 관찰하고, [그림 7.2]에 그린다. 이때 모든 측정은 DC 커플링을 이용하여 각 신호의 DC 오프셋을 포함한 신호를 측정하며, AC 커플링으로 오실로스코프의 상태를 변경하여 출력 신호의 크기를 자세히 관찰한다. 이때 신호의 위상 변화를 관찰하기 위해 오실로스코프의 2개 채널을 이용하여 A점의 입력신호와 비교하며 관찰한다. ([그림 7.2]의 그래프는 Y축의 중심 전압을 오프셋 전압으로 표시하여 그린다.)
4. 오실로스코프의 2개 채널을 이용하여 A점과 D점에서의 입출력 신호의 크기를 겹쳐서 표시한 후, 파형과 크기를 비교하고, [표 7.2]에 데이터를 기록한 후 전압 이득을 계산한다.

5 실험 결과

[표 7.1] 공통 컬렉터 증폭기의 직류해석

	CC 증폭기		C_1단락		C_2단락	
	이론치	실험치	이론치	실험치	이론치	실험치
V_B (V)						
V_C (V)						
V_E (V)						
V_{CE} (V)						
I_B (μA)						
I_C (mA)						

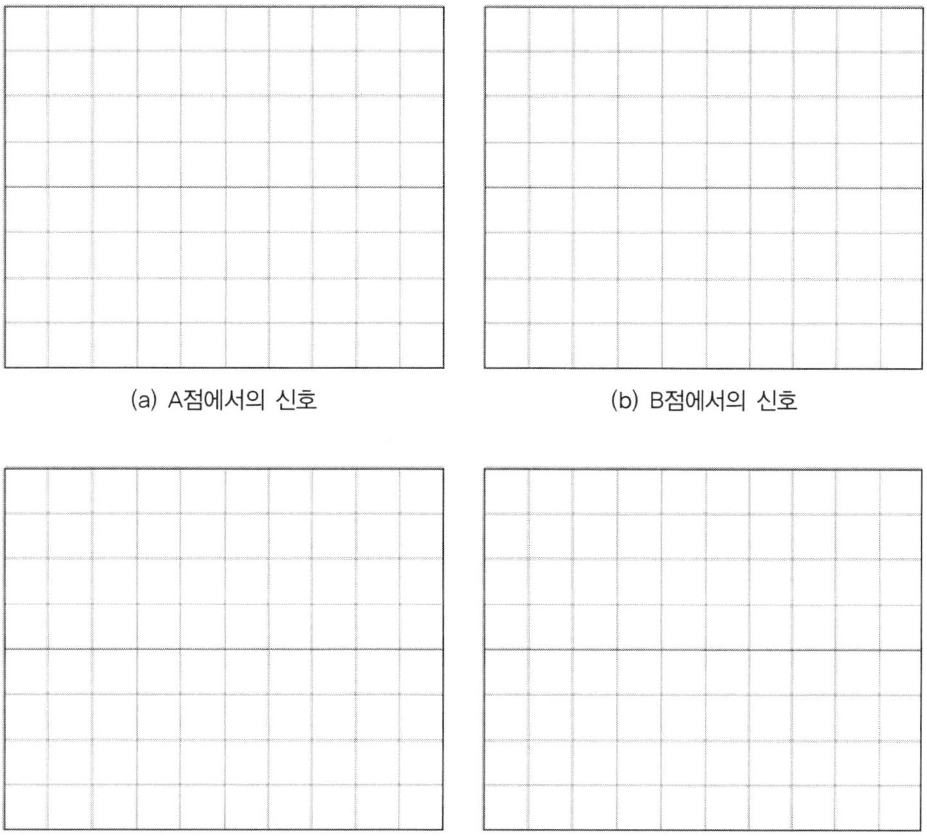

(a) A점에서의 신호

(b) B점에서의 신호

(c) C점에서의 신호

(d) D점에서의 신호

[그림 7.2] 공통 컬렉터 증폭기의 입출력 파형

[표 7.2] 공통 컬렉터 증폭기의 교류 해석

	이론치	실험치		이론치	실험치
V_S (mV_{pp})			A_V		
V_{RL} (mV_{pp})			A_V (dB)		

6 실험 고찰 및 결과 리포트 작성

- 실험 결과 DC 바이어스 회로에서 캐패시터들를 각각 제거하였을 경우 나타난 현상들을 이론적으로 분석하여 각 캐패시터의 역할을 논하시오.
- 바이어스 전압과 전류의 이론치와 실험 결과의 오차를 비교하고 원인을 분석하시오.
- 공통 컬렉터 증폭기의 이득을 이론치와 비교하고 분석하시오.

실험 08

BJT 공통 베이스 증폭기

1 실험 목표

BJT 트랜지스터를 이용한 공통 베이스 증폭기 회로를 구성하고, 직류 회로 분석 및 교류 증폭 특성 실험을 통하여 이론적 개념을 확인한다. 부하 저항의 유무에 따른 전압 이득의 변화를 확인한다.

2 예비 리포트 작성

- 실험에서 구성할 증폭기의 DC 해석을 통해 동작 전압과 전류 이론치를 계산한다.
- AC 해석을 통해 증폭기의 이론적 이득과 입력 임피던스, 출력 임피던스를 계산한다.
- 낮은 입력 임피던스에 의해 발생하는 현상에 대해 분석해 본다.
- 부하 저항의 유무와 저항 값의 변화에 따른 증폭기 이득의 변화를 계산해 본다.

3 실험 준비물

1. 장비: 전원공급기, 디지털 멀티미터, 함수발생기, 오실로스코프
2. BJT 2N3904

3. 저항 1kΩ 2개, 2.2kΩ, 12kΩ, 56kΩ, 1MΩ 각 1개 (>1/2W)
4. 캐패시터 10μF 3개
5. 니퍼

4 실험 방법

(1) 증폭기 회로의 DC 해석

1. [그림 8.1]과 같이 공통 컬렉터 증폭기 회로를 구성한다.

2. 전원공급기를 이용하여 DC 바이어스 전원을 공급하고, 함수발생기의 전원을 끈 상태에서 증폭기 각 단의 전압과 전류를 측정하여 [표 8.1]에 기록한다. (*부정확한 바이어스 상태에서는 증폭기가 정상적으로 동작하지 않으므로 입력신호를 인가하기 전에 반드시 바이어스가 적절하게 잡혔는지 확인해야 한다.)

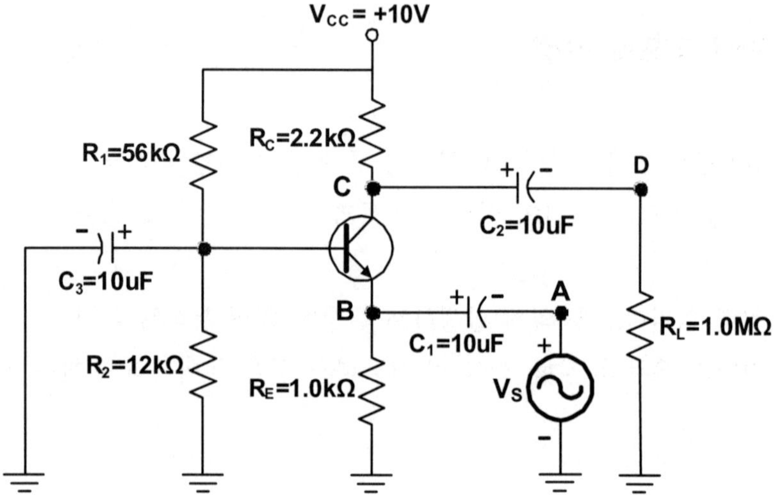

[그림 8.1] 공통 베이스 증폭기 회로

(2) 증폭기 회로의 AC 해석

1. 함수발생기를 이용하여 Vs의 신호를 30mV$_{pp}$ @1kHz의 사인파로 생성하고 오실로스코프를 이용하여 파형을 확인한다.
2. 함수발생기에서 생성된 파형을 회로에 연결하고 입력 신호의 변화가 있는지 관찰한다. (신호 크기의 변화가 있으면 변화한 신호 크기로 실험을 진행한다.)
3. 오실로스코프를 이용하여 A, B, C, D점에서의 신호를 각각 관찰하고, [그림 8.2]에 그린다. 모든 측정은 DC 커플링 설정을 이용하여 각 신호의 DC 오프셋을 포함한 신호를 측정하며, AC 커플링으로 변경하여 출력 신호의 크기와 파형을 비교 관찰한다. 이때 위상 변화 등을 관찰하기 위해 2개의 프루브를 이용하여 A점의 신호와 비교하며 관찰한다. ([그림 8.2]의 그래프는 Y축의 중심 전압을 오프셋 전압으로 표시하여 그린다.)
4. 오실로스코프의 2개 채널을 이용하여 A점과 D점에서의 입출력 신호의 크기를 동시에 비교하고, [표 8.2]에 데이터를 기록한 후 전압이득을 계산한다.
5. 부하 저항(R_L)을 1kΩ으로 변경하였을 때와 부하저항을 개방(OPEN)하였을 때, 위 3번의 측정을 각각 반복한다.

5 실험 결과

[표 8.1] 공통 베이스 증폭기의 직류해석

	이론치	실험치		이론치	실험치
V_B (V)			V_{CE} (V)		
V_C (V)			I_B (μA)		
V_E (V)			I_C (mA)		

(a) 함수발생기 출력 신호

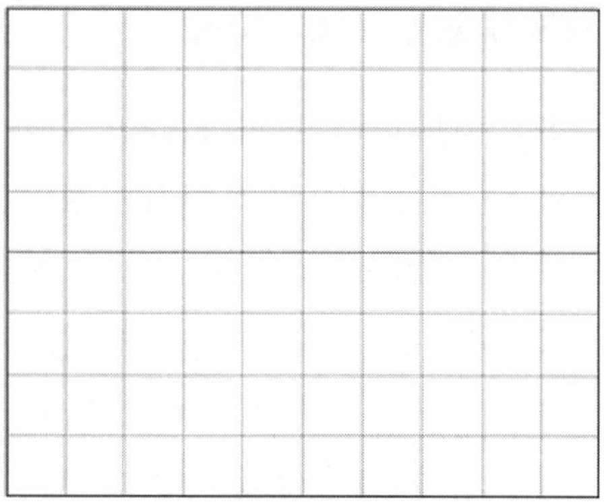

(b) A점에서의 신호

(c) B점에서의 신호

(d) C점에서의 신호

(e) D점에서의 신호

[그림 8.2] 공통 베이스 증폭기의 입출력 파형

[표 8.2] 공통 베이스 증폭기의 교류 해석

	CB 증폭기		R_L=1kΩ		R_L 개방	
	이론치	실험치	이론치	실험치	이론치	실험치
V_S (mV_{pp})						
V_{RL} (mV_{pp})						
A_V						
A_V (dB)						

6 실험 고찰 및 결과 리포트 작성

- 바이어스 전압과 전류의 이론치와 실험 결과의 오차를 계산하고 그 원인을 분석하시오.
- 입력 신호의 크기가 회로에 연결시 변화하였다면 그 원인을 분석하시오.
- 공통 컬렉터 증폭기의 이득을 이론치와 비교하고, 부하 변화에 따른 이득 변화를 이론에 비추어 분석하시오.

실험 09

BJT 공통 에미터 증폭기

1 실험 목표

BJT 트랜지스터를 이용한 공통 에미터 증폭기 회로를 구성하고, 직류 회로 분석 및 교류 증폭 특성 실험을 통하여 이론적 개념을 확인한다. DC 블록 캐패시터, 바이패스(by-pass) 캐패시터, 부하 저항 변화 등의 영향이 회로의 동작에 미치는 영향을 관찰하여 증폭기 회로에서의 역할을 이해한다.

2 예비 리포트 작성

- 실험에서 구성할 증폭기의 DC 해석을 통해 동작 전압과 전류 이론치를 계산한다.
- 바이패스 캐패시터의 유무에 따른 동작 DC의 전압과 전류의 영향을 예측해 본다.
- 부하 저항의 유무와 저항 값의 변화, 바이패스 캐패시터의 유무와 스왑핑(swamping)에 따른 증폭기 이득의 변화를 각각 계산해 본다.

3 실험 준비물

1. 장비: 전원공급기, 디지털 멀티미터, 함수발생기, 오실로스코프
2. BJT 2N3904

3. 저항 180Ω, 820Ω, 1kΩ, 2.2kΩ, 10kΩ 각 1개, 3.6kΩ 2개 (>1/2W)
4. 캐패시터 10μF 3개
5. 니퍼

4 실험 방법

(1) 증폭기 회로의 DC 해석

1. [그림 9.1]과 같이 공통 에미터 증폭기 회로를 구성한다.
2. 전원공급기를 이용하여 DC 바이어스 전원을 공급하고, 함수발생기의 전원을 끈 상태에서 증폭기 각 단의 전압과 전류를 측정하여 [표 9.1]에 기록한다. (*부정확한 바이어스 상태에서는 증폭기가 정상적으로 동작하지 않으므로 입력 신호를 인가하기 전에 반드시 바이어스가 적절하게 잡혔는지 확인해야 한다.)

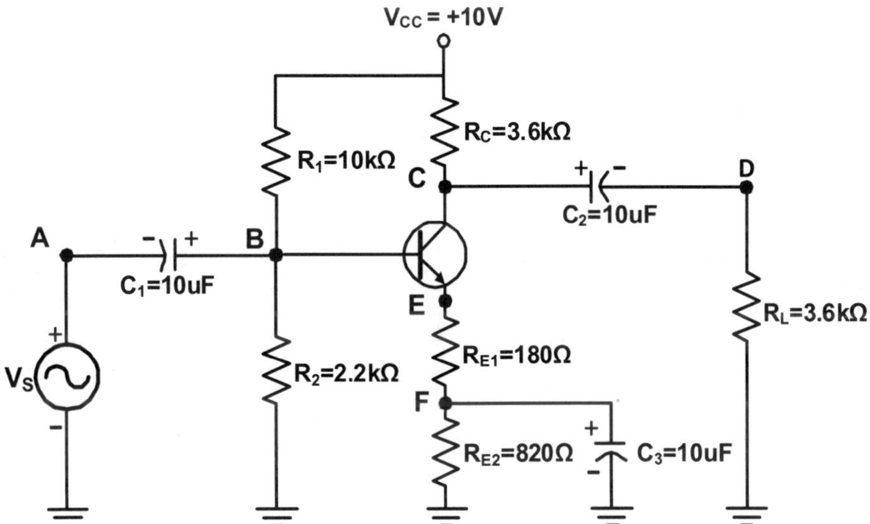

[그림 9.1] 공통 에미터 증폭기 회로

(2) 증폭기 회로의 AC 해석

1. 함수발생기를 이용하여 Vs의 신호를 30mVpp @1kHz의 사인파로 생성하고 오실로스코프를 이용하여 파형을 확인한다.
2. 오실로스코프를 이용하여 A, B, C, D점에서의 신호를 각각 관찰하고, [그림 9.2]에 그린다. 이때 모든 측정은 DC 커플링을 이용하여 각 신호의 DC 오프셋을 포함한 신호를 측정하며, AC 커플링으로 오실로스코프의 상태를 변경하여 출력 신호의 크기를 자세히 측정한다. 이때 신호의 위상 변화를 관찰하기 위해 오실로스코프의 2개 채널을 이용하여 A점의 입력신호와 비교하며 관찰한다. ([그림 9.2]의 그래프는 Y축의 중심 전압을 오프셋 전압으로 표시하여 그린다.)
3. 오실로스코프의 2개 채널을 이용하여 A점과 D점에서의 입출력 신호의 크기를 동시에 비교하고, [표 9.2]에 데이터를 기록한 후 전압이득을 계산한다.
4. 바이패스 캐패시터(C_3)의 연결 지점을 F점에서 E로 이동하고, 위 3번의 측정을 반복한다.
5. 바이패스 캐패시터(C_3)를 개방(OPEN)하고, 위 3번의 측정을 반복한다.

5 실험 결과

[표 9.1] 공통 에미터 증폭기의 직류 해석

	이론치	실험치		이론치	실험치
V_B (V)			V_{CE} (V)		
V_C (V)			I_B (μA)		
V_E (V)			I_C (mA)		

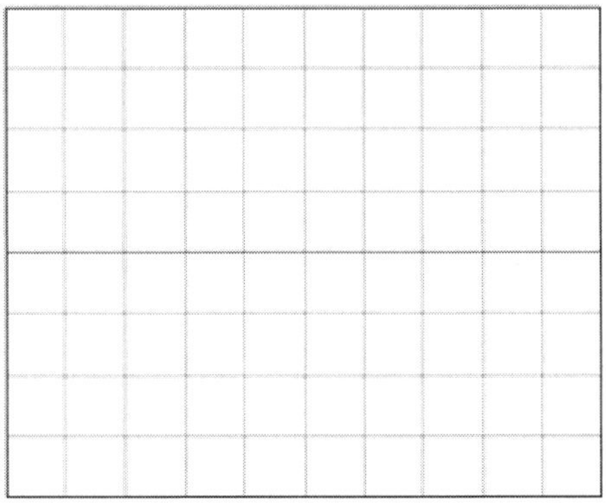

(a) A점에서의 신호

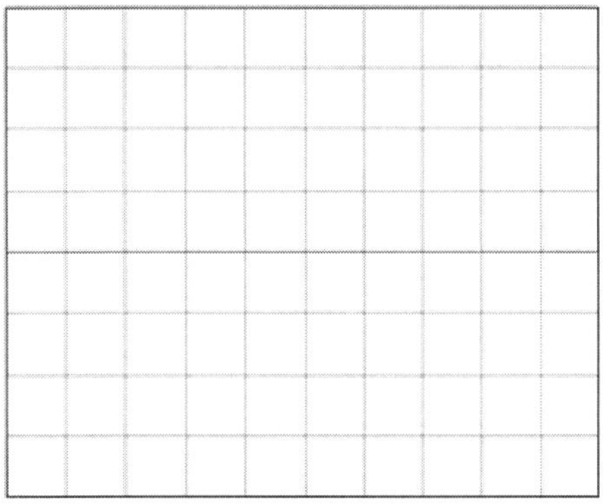

(b) B점에서의 신호

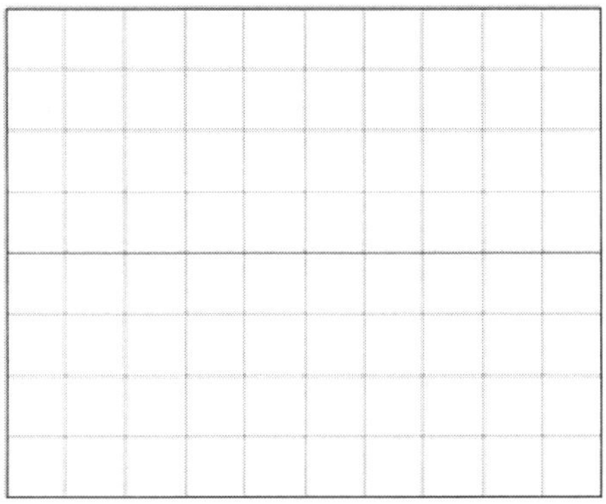

(c) C점에서의 신호

(d) D점에서의 신호

[그림 9.2] 공통에미터 증폭기의 입출력 파형

[표 9.2] 공통 에미터 증폭기의 교류 해석

	CE 증폭기		C_3–E점		C_3개방	
	이론치	실험치	이론치	실험치	이론치	실험치
V_S (mV_{pp})						
V_{RL} (mV_{pp})						
A_V						
A_V (dB)						

6 실험 고찰 및 결과 리포트 작성

- 바이어스 전압과 전류의 이론치와 실험 결과의 오차를 분석하고 원인을 분석하시오.
- DC 바이어스 회로에서 바이패스 캐패시터를 제거하였을 경우, 나타난 DC의 변화를 관찰하고 그 이유를 설명하시오.
- 공통 에미터 증폭기 회로의 바이패스 캐패시터, 부하 저항 변화에 따른 원인을 각각 분석하고, 실험 결과 나타난 현상들의 이유를 결과 데이터에 기초하여 기술하시오.
- 측정된 실험 결과로부터 예측 가능한 교류 에미터 저항(r_e')값을 도출하시오.

실험

10 BJT 공통 에미터2단 증폭기

1 실험 목표

BJT를 이용한 공통 에미터 증폭기를 2단으로 설계하여 높은 이득을 구현하는 방법을 습득한다. 각 단의 이득과 전체 이득을 측정하고 다단 연결 시 고려해야 하는 사항을 학습한다.

2 예비 리포트 작성

- 실험할 2단 증폭기의 DC 해석을 통해 각 노드와 브랜치의 전압과 전류 이론값을 계산에 의해 구한다.
- 2단으로 구성된 증폭기 각 단의 전압 이득과 전체 전압 이득의 이론값을 구한다.
- 증폭기의 소신호(small signal) 증폭에서 얻을 수 있는 최대 출력 전압폭(V_{pp})을 구하고, 계산된 이론치 이득의 출력 신호가 선형적인가 확인한다.

3 실험 준비물

1. 장비: 전원공급기, 디지털 멀티미터, 함수발생기, 오실로스코프
2. BJT 2N3904 2개
3. 저항 180Ω, 820Ω, 2.2kΩ, 10kΩ 각 2개, 3.6kΩ 3개 (>1/2W)
4. 캐패시터 10μF 5개

4 실험 방법

(1) 증폭기 회로의 DC 해석

1. [그림 10.1]과 같이 공통 에미터 2단 증폭기 회로를 구성한다.

2. 전원공급기를 이용하여 DC 바이어스 전원을 공급하고, 함수발생기의 전원을 끈 상태에서 증폭기 각 단의 전압과 전류를 측정하여 [표 10.1]에 기록한다.

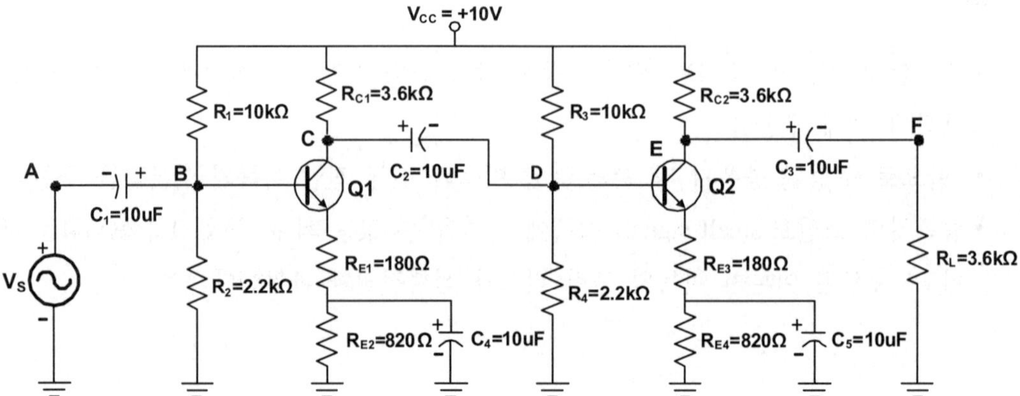

[그림 10.1] 2단 공통 에미터 증폭기

(2) 증폭기 회로의 AC 해석

1. 함수발생기를 이용하여 Vs의 신호를 30mV$_{pp}$ @1kHz의 사인파로 생성하고 오실로스코프를 이용하여 파형을 확인한다.
2. 오실로스코프를 이용하여 A, B, C, D, E, F점에서의 신호를 각각 관찰하고, [그림 10.2]에 그린다. 이때 모든 측정은 DC 커플링을 이용하여 각 신호의 DC 오프셋을 포함한 신호를 측정하며, AC 커플링으로 오실로스코프의 상태를 변경하여 출력 신호의 크기를 자세히 측정한다. 이때 신호의 위상 변화를 관찰하기 위해 오실로스코프의 2개 채널을 이용하여 A점의 입력신호와 비교하며 관찰한다. ([그림 10.2]의 그래프는 Y축의 중심 전압을 오프셋 전압으로 표시하여 그린다.)
3. 오실로스코프의 2개 채널을 이용하여 첫째단, 둘째단 증폭기와 2단 증폭기 전체의 입출력 신호의 크기를 비교하여 [표 10.2]에 데이터를 기록한 후 각각의 전압이득을 계산한다. (신호 크기의 비교를 위해 오실로스코프의 모든 채널은 AC 커플링으로 측정한다.)
4. C_4와 C_5를 제거(open)하고 출력 파형을 관찰한다.

5 실험 결과

[표 10.1] 공통 에미터 2단 증폭기의 직류 해석

	첫째단 증폭기 (Q1)		둘째단 증폭기 (Q2)	
	이론치	실험치	이론치	실험치
V_B (V)				
V_C (V)				
V_E (V)				
V_{CE} (V)				
I_B (μA)				
I_C (mA)				

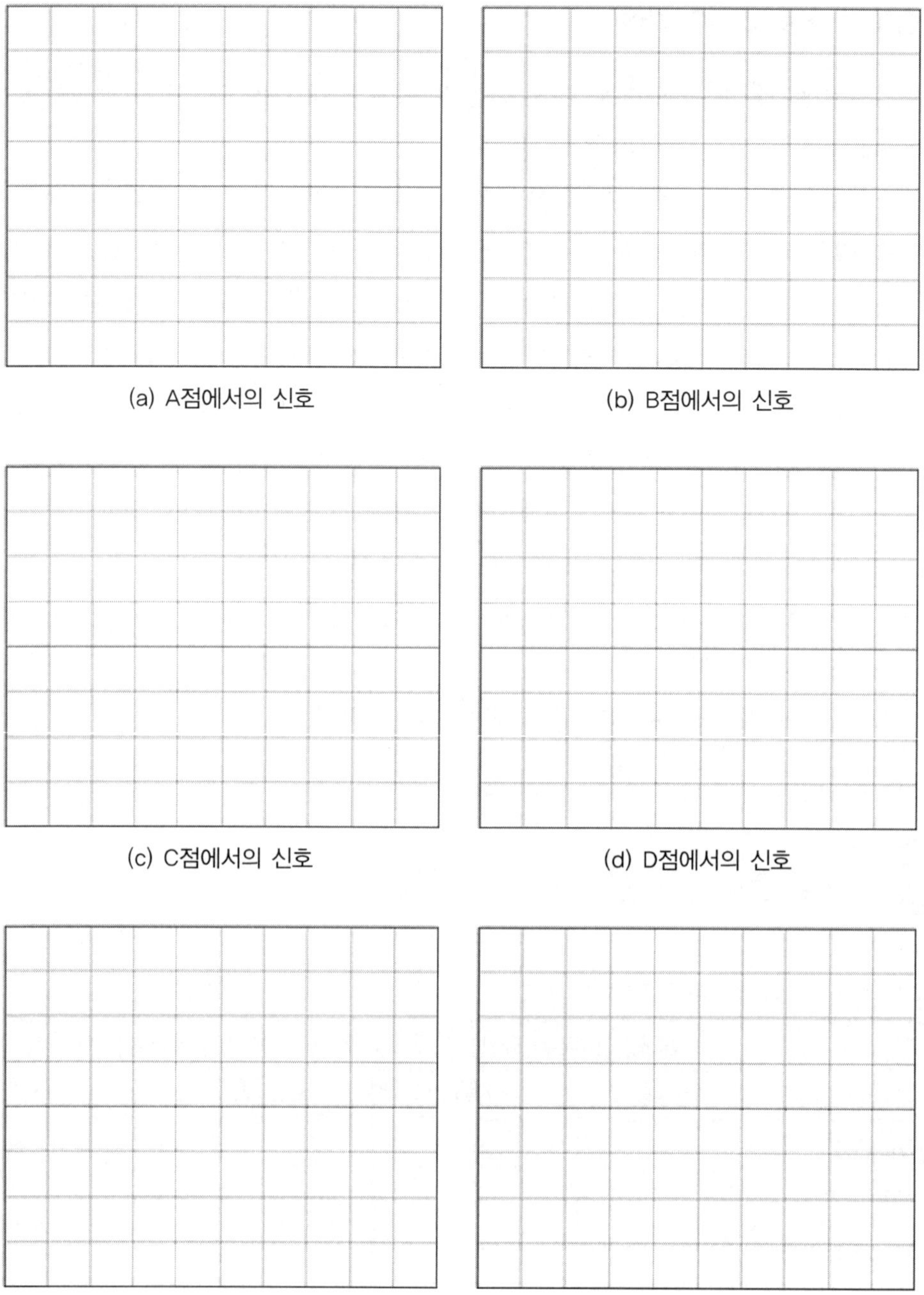

(a) A점에서의 신호
(b) B점에서의 신호
(c) C점에서의 신호
(d) D점에서의 신호
(e) E점에서의 신호
(f) F점에서의 신호

[그림 10.2] 공통 에미터 2단 증폭기의 입출력 파형

[표 10.2] 공통 에미터 2단 증폭기의 교류 해석

	첫째단 증폭기			둘째단 증폭기			2단 증폭기		
		이론치	실험치		이론치	실험치		이론치	실험치
V_{in} (mVpp)	A			D			A		
V_{out} (mVpp)	C			F			F		
A_V	C/A			F/D			F/A		
A_V (dB)									

6 실험 고찰 및 결과 리포트 작성

- 바이어스 전압과 전류의 이론값과 실험 결과의 오차를 추출하고 원인을 분석하시오.
- 측정된 각 단의 증폭기 이득과 2단 증폭기 이득을 이론값과 비교하고 오차를 분석하시오.
- 다단 증폭기 구조로 증폭기를 설계하는 장단점을 기술하고, 3단, 4단 등으로 단 수를 확장하여 설계할 경우 고려해야 할 점을 논하시오.
- C_4와 C_5 제거시 이론적인 증폭기 이득을 계산하고, 출력 파형이 실험과 같이 나타난 이유를 논하시오.

실험

11 JFET 트랜지스터의 I-V 특성 실험

1 실험 목표

JFET 트랜지스터의 동작 전압-전류 관계를 이해하고, V_{DS}와 I_D의 드레인 특성 곡선과 V_{GS}와 I_D의 전달 특성 곡선을 측정하여 이론적 배경을 비교 검증한다.

2 예비 리포트 작성

- 2N5458 JFET 트랜지스터의 드레인 특성 곡선을 스펙으로부터 최대한 근사한 값으로 그려본다.
- 드레인 특성 곡선의 선형영역(linear region)에서 트랜지스터의 내부 출력저항(r_o)을 측정하는 방법과 계산법을 조사해 본다.
- 스펙에서 주어진 $V_{GS(off)}$와 I_{DSS}에 의해 전달 특성 곡선을 그린다.
- 전달 특성 그래프로부터 전달컨덕턴스(Transconductance, g_m)를 어떻게 구할 수 있는지 생각해 본다.

3 실험 준비물

1. 장비: 전원공급기, 디지털 멀티미터
2. JFET 2N5458
3. 저항 10kΩ (>1/2W)
4. 시멘트저항 75Ω (>5W)

4 실험 방법

(1) 드레인 특성 곡선 측정

1. 아래 [그림 11.1]의 회로를 구성한다.
2. V_{GS}=0V로 설정하고, V_{DS}를 0V로부터 증가시켜가며 I_D를 측정하여 [표 11.1]에 기록한다. (여기서 V_{GS}와 I_D는 전원공급기의 표시값과 다르므로 반드시 멀티미터로 각각의 값을 측정하며 실험하여야 한다.)
3. V_{GS}를 0.5V씩 음의 값으로 증가시키면서 위 측정을 반복한다.

주의사항

시멘트 저항이 과열될 수 있으므로 화상에 주의한다. 안전을 위해 I_D는 100mA를 넘지 않을 때까지만 측정한다.

4. 측정된 데이터를 모눈종이에 도시하여 I-V 특성 곡선을 [그림 11.2]의 양의 x축 그래프에 완성한다.

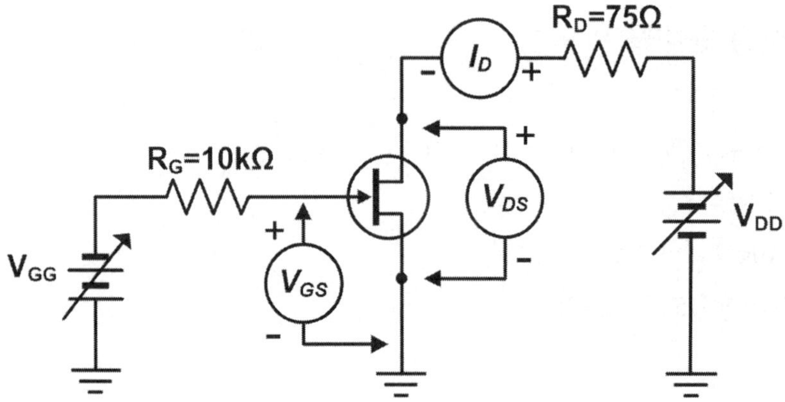

[그림 11.1] 드레인 특성곡선 실험회로

(2) 전달 특성 곡선

1. [표 11.1]과 [그림 11.2]의 드레인 특성 곡선에서 측정된 각 V_{GS}전압에 대한 선형 영역(linear region)의 I_D평균값을 [표 11.1] 마지막 행에 기록한다.
2. V_{GS}에 따른 I_D값으로 [그림 11.2]의 음의 x축 그래프에 전달 특성 곡선을 도시한다.

5 실험 결과

[표 11.1] 드레인 특성 곡선 측정 결과

V_{DS} (V)	I_D (mA)					
	V_{GS}=0V	−0.5V	−1.0V	−1.5V	−2.0V	−2.5V
0						
0.5						
1.0						
1.5						
2.0						
2.5						
3.0						
4.0						
5.0						
7.0						
9.0						
11.0						
선형영역 평균전류						

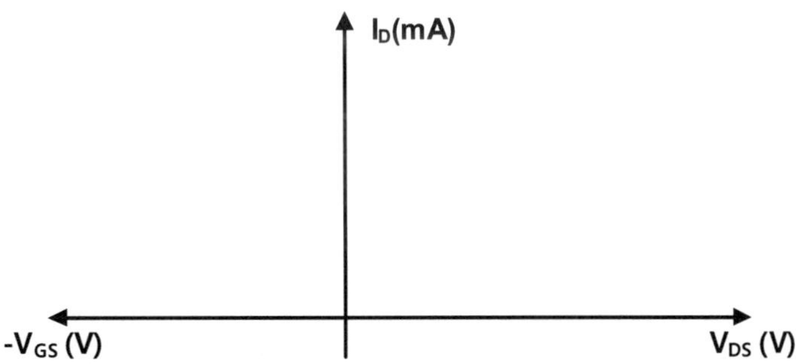

[그림 11.2] JFET 트랜지스터의 드레인 특성 곡선과 전달 특성 곡선

6 실험 고찰 및 결과 리포트 작성

- 실험 결과 [그림 11.2]의 드레인 특성 곡선에 선형영역과 저항영역을 구분하고, 선형 영역 그래프로부터 트랜지스터의 내부 출력 저항 값을 구하시오.
- [그림 11.2]의 측정으로 구해진 전달 특성 곡선에 계산에 의해 얻어진 이론 곡선을 점선으로 겹쳐 그리고, 그 차이에 대해 기술하시오.
- [그림 11.2]의 두 특성 곡선으로부터 트랜지스터의 입·출력단 전압들(V_{GS},V_{DS})이 출력 전력(I_D)에 미치는 영향에 대해 논하시오.
- I_D=I_{DSS}인 V_{GS}전압에 대한 전달컨덕턴스(g_m)를 그래프로부터 구하시오.

실험

12 MOSFET 트랜지스터의 I-V 특성 실험

1 실험 목표

증가형(Enhanced) MOSFET 트랜지스터의 동작 전압-전류 관계를 이해하고, V_{DS}와 I_D의 드레인 특성 곡선과 V_{GS}와 I_D의 전달 특성 곡선을 측정하여 이론적 배경을 비교 검증한다.

2 예비 리포트 작성

- E-MOSFET 트랜지스터의 드레인 특성 곡선과 전달 특성 곡선을 스펙으로부터 최대한 근사한 값으로 그려본다. (V_{GS}의 극성에 유의하여 도시한다.)
- 스펙에서 주어진 $V_{GS(th)}$, $I_{D(on)}$ 등을 이용하여 전달 특성 곡선 공식을 완성하고, 위에 그린 그래프에 겹쳐 그려본다.

3 실험 준비물

1. 장비: 전원공급기, 디지털 멀티미터
2. E-MOSFET 2N7008
3. 저항 10kΩ (>1/2W)
4. 시멘트저항 75Ω (>5W)

4 실험 방법

(1) $V_{GS(th)}$ 측정

1. 아래 [그림 12.1]의 회로를 구성한다.
2. V_{DS}=5V로 고정하고, V_{GS}를 스펙에 제시된 $V_{GS(th)}$전압의 전후로 변화시키며 I_D값을 관찰하여 I_D가 흐르기 시작하는 전압을 $V_{GS}=V_{GS(th)}$로 설정한다.

(2) 드레인 특성 곡선 측정

1. $V_{GS}=V_{GS(th)}$에서 V_{DS}를 0V로부터 증가시켜가며 I_D를 측정하여 [표 12.1]에 기록한다. (여기서 V_{GS}와 I_{DS}는 전원공급기의 표시값과 다르므로 반드시 멀티미터로 각각의 값을 측정하며 실험하여야 한다.)
2. V_{GS}를 $V_{GS(th)}$로부터 0.5V씩 증가시키면서 위 측정을 반복한다. (V_{GS}의 증가에도 I_D의 값 변화가 거의 없을 때까지 적당한 구간을 설정하여 실험한다.)
3. 측정된 데이터를 모눈종이에 도시하여 I-V 특성 곡선을 [그림 12.2]에 완성한다.

(3) 전달 특성 곡선 측정

1. [표 12.1]과 [그림 12.2]의 드레인 특성 곡선에서 각 V_{GS}전압에 대한 선형 영역(linear region) 평균 I_D값을 [표 12.1] 마지막 행에 기록한다.
2. 위에서 구한 평균 I_D값을 이용하여 V_{GS}에 따른 전달 특성 곡선을 [그림 12.3]에 도시한다.

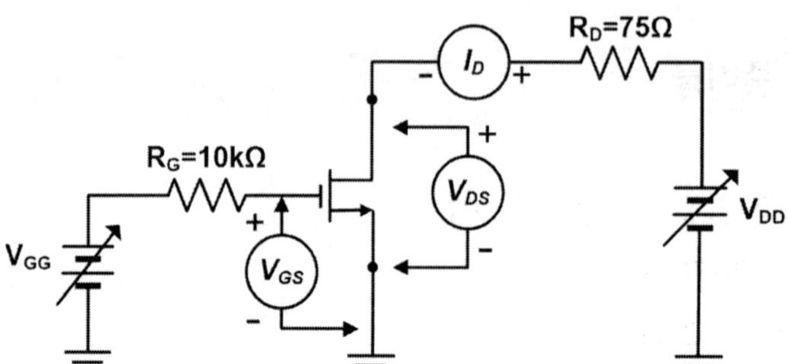

[그림 12.1] E-MOSFET의 I-V 특성 곡선 측정 실험도

5 실험 결과

[표 12.1] E-MOSFET의 I-V 특성 측정 결과

V_{DS} (V)	I_D (mA)				
	$V_{GS(th)}$= V	V_{GS}= V	V_{GS}= V	V_{GS}= V	V_{GS}= V
0					
0.5					
1.0					
1.5					
2.0					
2.5					
3.0					
4.0					
5.0					
7.0					
10.0					
선형영역 평균전류					

[그림 12.2] E-MOSFET 트랜지스터의 드레인 특성 곡선

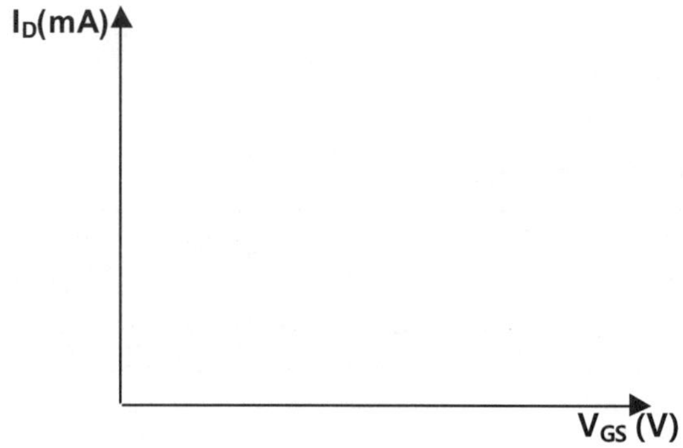

[그림 12.3] E-MOSFET 트랜지스터의 전달 특성 곡선

6 실험 고찰 및 결과 리포트 작성

- [그림 12.3]의 선형영역에서의 기울기를 측정하고 기울기가 갖는 의미에 대해 생각해 보시오.
- [그림 12.3]의 측정으로 구해진 전달 특성 곡선에 계산에 의해 얻어진 이론 곡선을 점선으로 겹쳐 그리고, 그 차이에 대해 기술하시오.

실험 13

JFET 트랜지스터 바이어스 회로

1 실험 목표

JFET 트랜지스터의 동작 원리로부터 안정적인 바이어스를 위한 직류 바이어스 회로를 구성하고 그 원리를 이해한다.

2 예비 리포트 작성

- 실험에 사용할 각 바이어스 회로의 직류 해석을 통해 각 노드(node) 전압과 가지(branch) 전류를 계산하여 구한다.
- 각 바이어스 회로의 부하선을 그리고, Q점을 찾아 표기한다.

3 실험 준비물

1. 장비: 전원공급기, 디지털 멀티미터
2. JFET 2N5458
3. 저항 220Ω, 2.2kΩ, 3.3kΩ, 1MΩ, 6.8MΩ, 10MΩ 각 1개, 1kΩ 2개 (>1/2W)

4 실험 방법

(1) JFET의 자기 바이어스(Self-Bias) 실험

1. 아래 [그림 13.1]과 같이 자기 바이어스 회로를 구성한다.
2. [표 13.1]에 표기된 전압과 전류를 측정하여 기록한다.
3. Rs를 1kΩ으로 교체한 후, 측정된 값을 [표 13.1]에 기록한다.
4. 두 바이어스 회로의 부하선(load line)을 그린다.

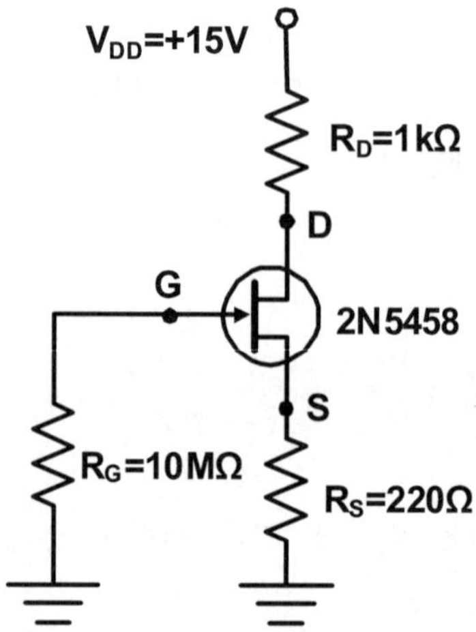

[그림 13.1] JFET의 자기 바이어스 실험 회로

(2) JFET의 전압 분배기 바이어스 실험

1. 아래 [그림 13.2]의 JFET 전압분배 회로를 구성한다.
2. [표 13.1]에 표기된 전압과 전류를 측정하여 기록한다.
3. 측정된 값에 대한 부하선을 그려본다.

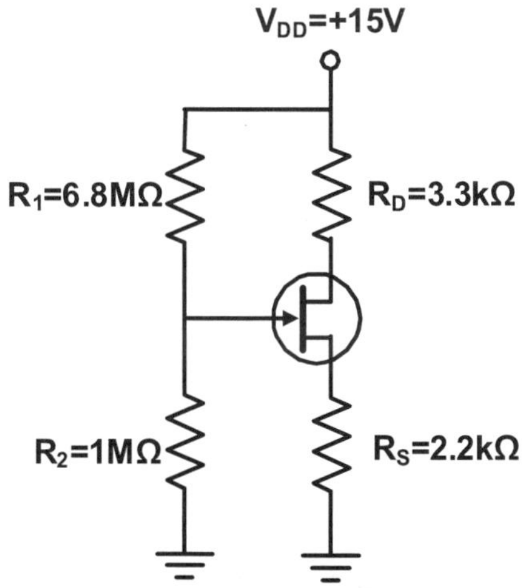

[그림 13.2] JFET의 전압 분배 바이어스 실험 회로

4 실험 결과

[표 13.1] JFET의 자기 바이어스 회로 측정 결과

R_S=220Ω	이론값	측정값	오차
V_S (V)			
I_D (mA)			
V_D (V)			
V_{DS} (V)			

R_S=1kΩ	이론값	측정값	오차
V_S (V)			
I_D (mA)			
V_D (V)			
V_{DS} (V)			

[표 13.2] JFET의 전압분배 바이어스 회로 측정 결과

	이론값	측정값	오차
V_G (V)			
V_S (V)			
I_D (mA)			
V_D (V)			
V_{DS} (V)			

5 실험 고찰 및 결과 리포트 작성

- 예비 리포트에서 예측한 이론치와 실험 결과를 비교하고 오차 분석 및 원인을 각각 진단하시오.
- 자기 바이어스에서 R_S값의 변화에 따른 바이어스 차이가 발생하는 원인과 자기 바이어스에서 R_S값의 역할에 대해 논하시오.

실험 14

MOSFET 트랜지스터 바이어스 회로

1 실험 목표

MOSFET 트랜지스터의 동작 원리로부터 안정적인 바이어스를 위한 직류 바이어스 회로를 구성하고 그 원리를 이해한다.

2 예비 리포트 작성

- 실험에 사용할 각 바이어스 회로의 직류 해석을 통해 각 노드(node) 전압과 가지(branch) 전류를 계산하여 구한다.
- 각 바이어스 회로의 부하선을 그리고, Q점을 찾아 표시해 본다

3 실험 준비물

1. 장비: 전원공급기, 디지털 멀티미터
2. E-MOSFET 2N7008
3. 저항 220Ω, 470Ω, 1kΩ, 15kΩ, 100kΩ, 1MΩ (>1/2W)

4 실험 방법

MOSFET의 전압 분배 바이어스 실험

1. 아래 [그림 14.1]의 회로를 구성하고 전원을 연결한다.
2. 회로의 각 노드와 가지의 전압 및 전류를 측정하여 [표 14.1]에 측정값을 기록한다.

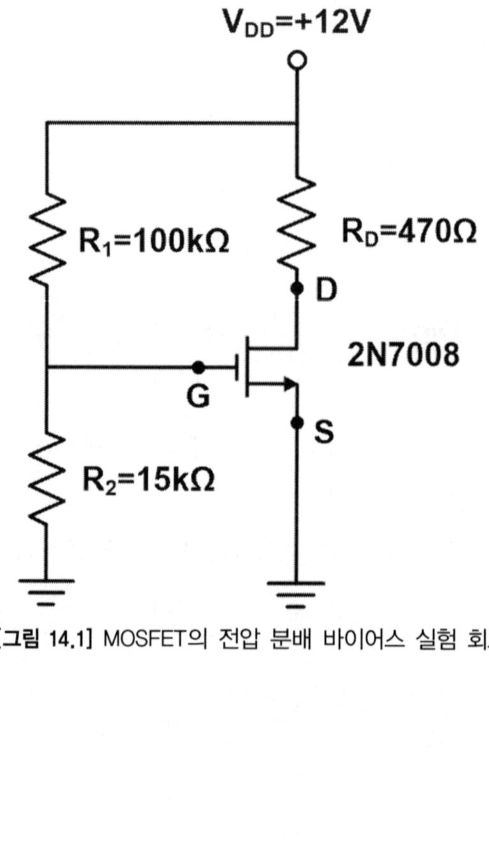

[그림 14.1] MOSFET의 전압 분배 바이어스 실험 회로

5 실험 결과

[표 14.1] MOSFET의 전압분배 바이어스 회로 측정값

$R_S = 1k\Omega$	이론값	측정값	오차
V_G (V)			
V_S (V)			
I_D (mA)			
V_D (V)			
V_{DS} (V)			

6 실험 고찰 및 결과 리포트 작성

- 예비 리포트에서 예측한 이론치와 실험 결과를 비교하고 오차 분석 및 원인을 각각 진단하시오.
- 자기 바이어스에서 R_S값의 변화에 따른 바이어스 차이가 발생하는 원인과 자기 바이어스에서 R_S값의 역할에 대해 논하시오.

실험

15 JFET 공통 소스 증폭기

1 실험 목표

JFET 트랜지스터를 이용한 소신호 공통 소스 증폭기의 동작 원리를 이해하고, 직류 및 교류 전원에 대한 이론적 해석과 실험적 검증을 통해 해석 능력과 실험 능력을 배양한다.

2 예비 리포트 작성

- 실험에 제시된 회로의 DC 해석을 통해 각 노드와 가지의 동작 전압과 전류 이론치를 계산한다.
- JFET을 이용한 공통소스 증폭기의 이득과 위상 변화 등을 이론적 방법에 의해 계산하여 결과를 예측해 본다.

3 실험 준비물

1. 장비: 전원공급기, 디지털 멀티미터, 함수발생기, 오실로스코프
2. JFET 2N5458
3. 저항 1kΩ, 1.5kΩ, 10kΩ, 10MΩ (>1/2W)
4. 캐패시터 10μF 3개

4 실험 방법

(1) 증폭기 회로의 DC 해석

1. 아래 [그림 15.1]의 공통 드레인 증폭기 회로를 구성한다.
2. 전원을 연결하고 디지털 멀티미터를 이용하여 각 노드의 전압과 브랜치의 전류를 측정하여 [표 15.1]에 기록한다.

(2) 증폭기 회로의 AC 해석

1. 함수발생기를 이용하여 Vs의 신호를 30mV$_{pp}$ @1kHz의 사인파로 생성하고 오실로스코프를 이용하여 파형을 확인한다.
2. 오실로스코프를 이용하여 A, B, C, D점에서의 신호를 각각 관찰한다. 이때 모든 측정은 DC 커플링을 이용하여 각 신호의 DC 오프셋을 포함한 신호를 측정하며, AC 커플링으로 오실로스코프의 상태를 변경하여 출력 신호의 크기를 자세히 측정한다. ([그림 15.2]의 그래프 Y축의 중심 전압을 오프셋 전압으로 표시하여 그린다.)
3. A점에서의 입력신호와 D점에서의 출력신호를 오실로스코프의 2개 채널을 이용하여 각각 측정하여 겹쳐서 관찰한다. Peak-to-Peak 전압을 비교하여 증폭기의 전압 이득을 구한다.

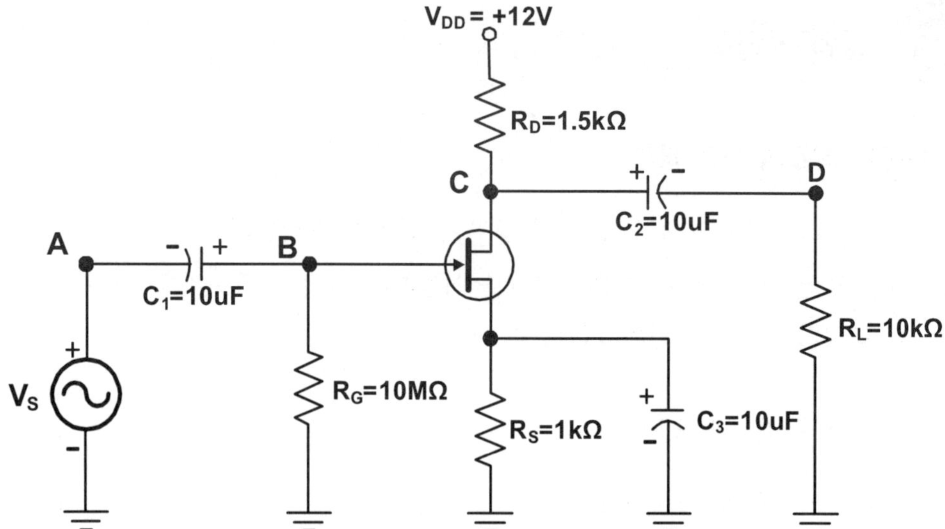

[그림 15.1] JFET 공통 소스 증폭기 회로

5 실험 결과

[표 15.1] JFET 공통 소스 증폭기의 직류 해석

	이론값	측정값	오차
V_G (V)			
V_S (V)			
V_D (V)			
I_D (mA)			
V_{DS} (V)			

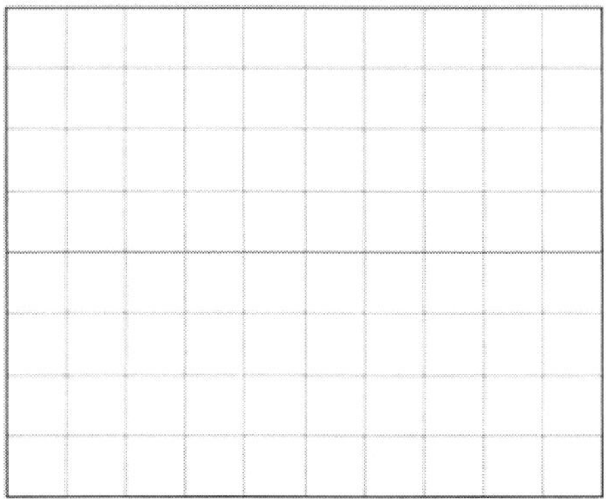

(a) A점에서의 신호

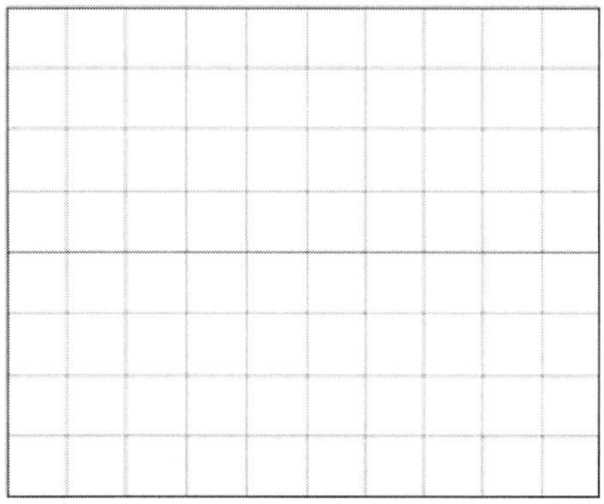

(b) B점에서의 신호

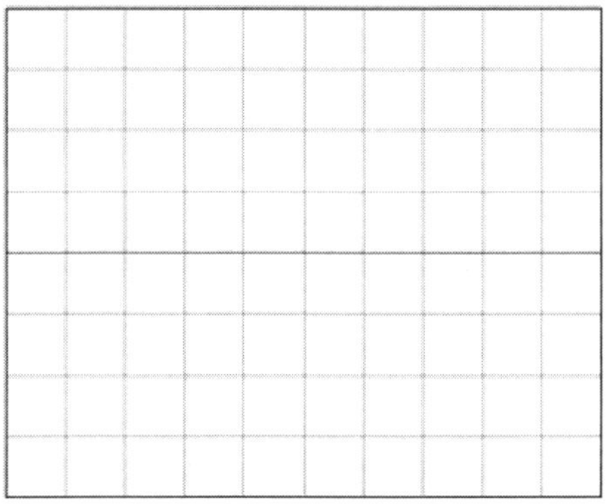

(c) C점에서의 신호

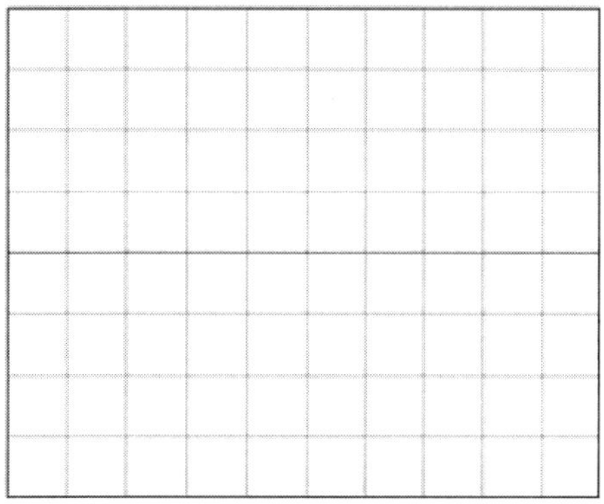

(d) D점에서의 신호

[그림 15.2] JFET 공통 소스 증폭기의 입출력 파형

[그림 15.3] JFET 공통 소스 증폭기의 이득 측정

6 실험 고찰 및 결과 리포트 작성

- 바이오스 전압과 전류의 이론치와 실험 결과의 오차를 분석하고 원인을 분석하시오.
- 공통 소스 증폭기의 회로의 부하 저항(R_L)을 제거하였을 경우, 증폭기 전압 이득의 변화를 예측해 보시오.
- 실험적 결과에 의해 얻어지는 g_m을 계산하고 그 의미를 고찰해 보시오.

실험 16

MOSFET 공통 소스 증폭기

1 실험 목표

MOSFET 트랜지스터를 이용한 소신호 공통 소스 증폭기의 동작 원리를 이해하고, 직류 및 교류 전원에 대한 이론적 해석과 실험적 검증을 통해 해석 능력과 실험 능력을 배양한다.

2 예비 리포트 작성

- 실험에 제시된 회로의 DC 해석을 통해 각 노드와 가지의 동작 전압과 전류 이론치를 계산한다.
- MOSFET을 이용한 공통소스 증폭기의 이득과 위상 변화 등을 이론적 방법에 의해 계산하여 결과를 예측하여 본다.

3 실험 준비물

1. 장비: 전원공급기, 디지털 멀티미터, 함수발생기, 오실로스코프
2. MOSFET 2N7008
3. 저항 5.6kΩ, 47kΩ, 100kΩ 각 1개, 18kΩ 2개 (>1/2W)
4. 캐패시터 10μF 3개

4 실험 방법

(1) 증폭기 회로의 DC 해석

1. 아래 [그림 16.1]의 공통 소스 증폭기 회로를 구성한다.
2. 전원을 연결하고 디지털 멀티미터를 이용하여 각 노드의 전압과 브랜치의 전류를 측정하여 [표 16.1]에 기록한다.

(2) 증폭기 회로의 AC 해석

1. 함수발생기를 이용하여 Vs의 신호를 30mV$_{pp}$ @1kHz의 사인파로 생성하고 오실로스코프를 이용하여 파형을 확인한다.
2. 오실로스코프를 이용하여 A, B, C, D점에서의 신호를 각각 관찰한다. 이때 모든 측정은 DC 커플링을 이용하여 각 신호의 DC 오프셋을 포함한 신호를 측정하며, AC 커플링으로 스코프의 상태를 변경하여 출력 신호의 크기를 자세히 측정한다. ([그림 16.2]의 그래프 Y축의 중심 전압을 오프셋 전압으로 표시하여 그린다.)
3. A점에서의 입력신호와 D점에서의 출력신호를 오실로스코프의 2개 채널을 이용하여 각각 측정하여 겹쳐서 관찰한다. Peak-to-Peak 전압을 비교하여 증폭기의 전압 이득을 구한다.

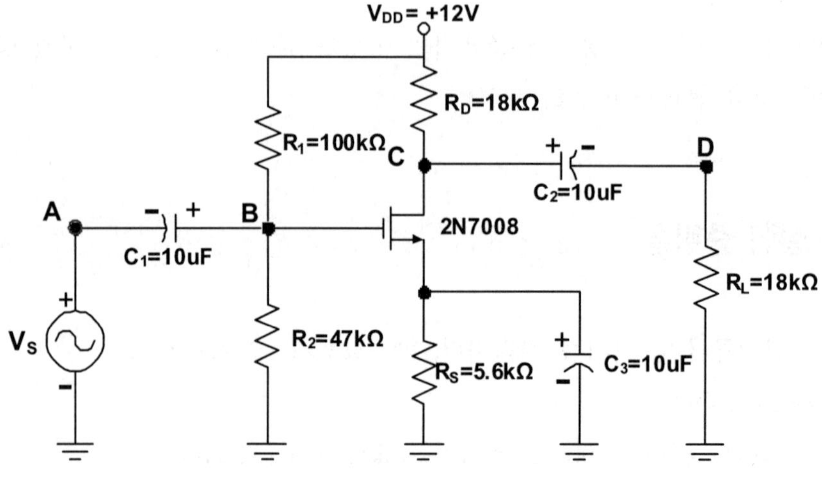

[그림 16.1] E-MOSFET 공통 소스 증폭기 회로

5 실험 결과

[표 16.1] MOSFET 공통 소스 증폭기의 직류 해석

	이론값	측정값	오차
V_G (V)			
V_S (V)			
V_D (V)			
I_D (mA)			
V_{DS} (V)			

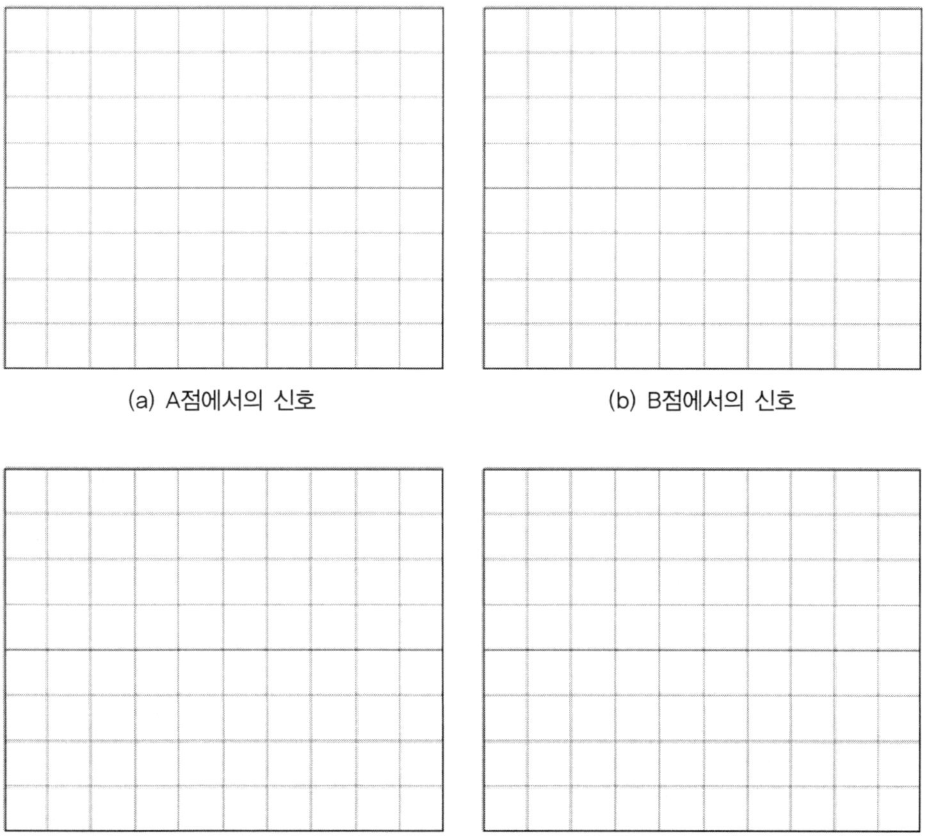

(a) A점에서의 신호

(b) B점에서의 신호

(c) C점에서의 신호

(d) D점에서의 신호

[그림 16.2] MOSFET 공통 소스 증폭기의 입출력 파형

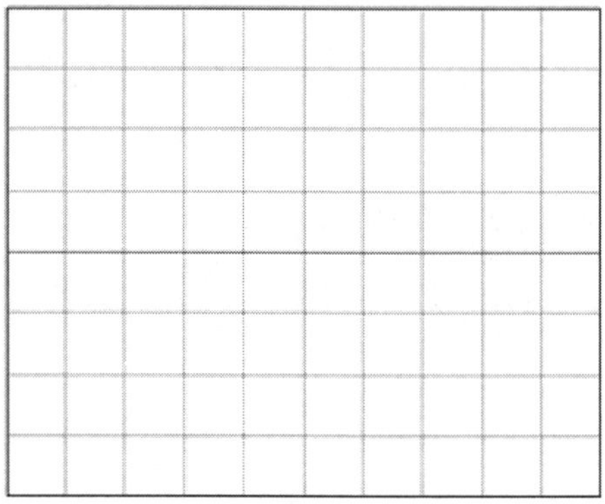

[그림 16.3] MOSFET 공통 소스 증폭기의 이득 측정

6 실험 고찰 및 결과 리포트 작성

- 바이어스 전압과 전류의 이론치와 실험 결과의 오차를 분석하고 원인을 분석하시오.
- 공통 소스 증폭기의 회로의 부하 저항(R_L)을 제거하였을 경우, 증폭기 전압 이득의 변화를 예측하시오.
- 실험적 결과에 의해 얻어지는 g_m을 계산하고 그 의미를 고찰해 보시오.

실험 17

JFET 공통 드레인 증폭기

1 실험 목표

JFET 트랜지스터의 동작 특성을 이해하고 이를 이용한 소신호 공통 드레인 FET 증폭기를 설계한다. 공통 드레인 증폭기의 직류 및 교류 신호를 측정하여 실제 이론값과 비교하고, 시스템 응용 방안에 대해 고찰한다.

2 예비 리포트 작성

- 실험에 제시된 회로의 DC 해석을 통해 각 노드와 가지의 동작 전압과 전류 이론치를 계산한다.
- JFET을 이용한 공통 드레인 증폭기의 이득과 위상 변화 등을 이론적 방법에 의해 계산하여 결과를 예측하여 본다.

3 실험 준비물

1. 장비: 전원공급기, 디지털 멀티미터, 함수발생기, 오실로스코프
2. JFET 2N5458
3. 저항 1kΩ 1개, 10MΩ 2개 (>1/2W)
4. 캐패시터 10μF 2개

4 실험 방법

(1) 증폭기 회로의 DC 해석

1. 아래 [그림 17.1]의 공통 드레인 증폭기 회로를 구성한다.
2. 전원을 연결하고 디지털 멀티미터를 이용하여 각 노드의 전압과 브랜치의 전류를 측정하여 [표 17.1]에 기록한다.

(2) 증폭기 회로의 AC 해석

1. 함수발생기를 이용하여 V_S의 신호를 30mV_{pp} @1kHz의 사인파로 생성하고 오실로스코프를 이용하여 파형을 확인한다.
2. 오실로스코프를 이용하여 A, B, C, D점에서의 신호를 각각 관찰한다. 이때 모든 측정은 DC 커플링을 이용하여 각 신호의 DC 오프셋을 포함한 신호를 측정하며, AC 커플링으로 오실로스코프의 상태를 변경하여 출력 신호의 크기를 자세히 측정한다. ([그림 17.2]의 그래프 Y축의 중심 전압을 오프셋 전압으로 표시하여 그린다.)
3. A점에서의 입력신호와 D점에서의 출력신호를 오실로스코프의 2개 채널을 이용하여 각각 측정하여 겹쳐서 관찰한다. Peak-to-Peak 전압을 비교하여 [그림 17.3]에 도시하고, 증폭기의 전압 이득을 구한다.
4. 부하저항(R_L)을 개방시킨 경우 출력파형을 측정하여 도시하고 이 때의 전압이득을 계산한다.

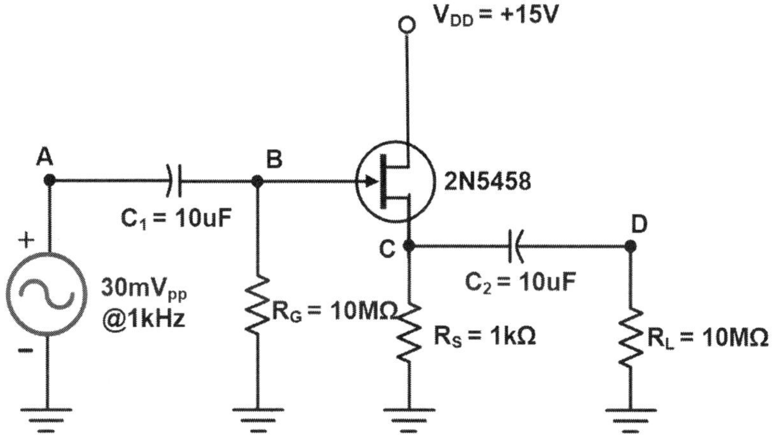

[그림 17.1] JFET 공통 드레인 증폭기 회로

5 실험 결과

[표 17.1] JFET 공통 드레인 증폭기의 직류 해석

	이론값	측정값	오차
V_G (V)			
V_S (V)			
V_D (V)			
I_D (mA)			
V_{DS} (V)			

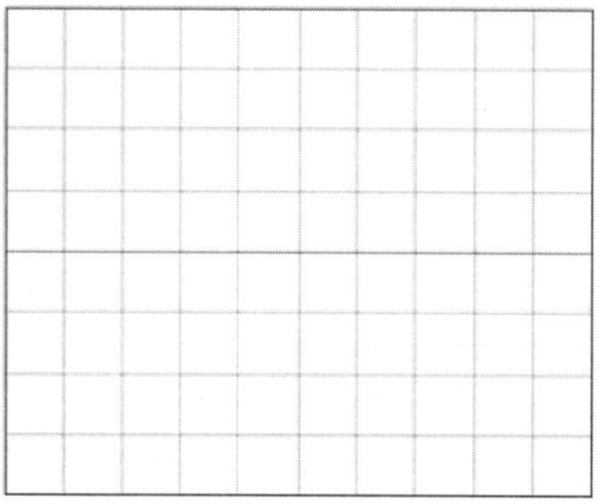

(a) A점에서의 신호

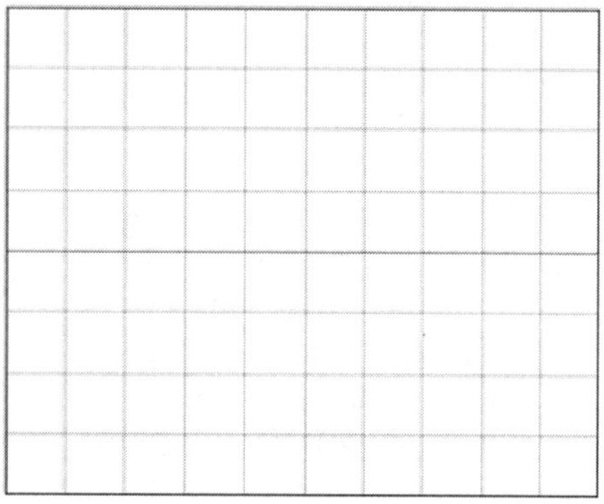

(b) B점에서의 신호

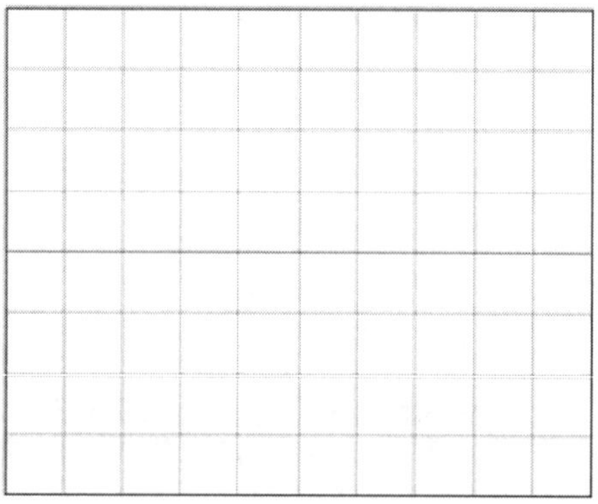

(c) C점에서의 신호

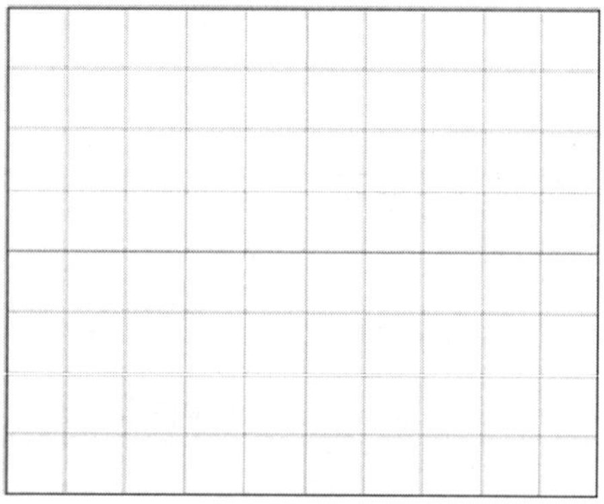

(d) D점에서의 신호

[그림 17.2] JFET 공통 드레인 증폭기의 입출력 파형

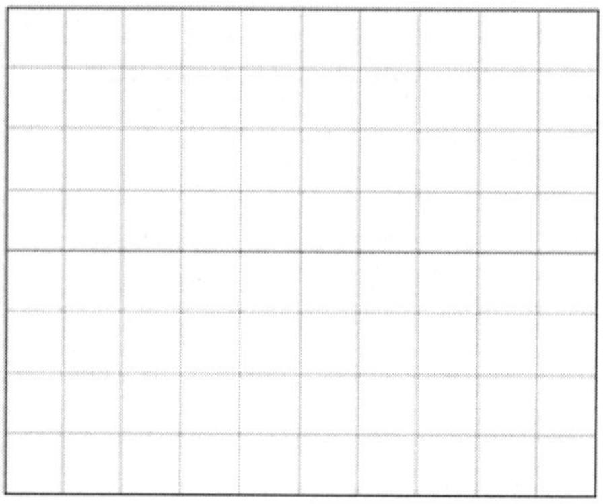

[그림 17.3] JFET 공통 드레인 증폭기의 이득 측정

6 실험 고찰 및 결과 리포트 작성

- 바이어스 전압과 전류의 이론치와 실험 결과의 오차를 분석하고 원인을 분석하시오.
- 공통 드레인 증폭기 회로의 부하 저항(R_L)을 제거하였을 경우, 증폭기 전압 이득의 변화를 예측해 보시오.
- 시스템 회로에서 공통 드레인 증폭기의 응용 방안에 대해 논하시오.

실험 18

JFET 공통 게이트 증폭기

1 실험 목표

p채널 JFET 트랜지스터의 동작 특성을 이해하고 이를 이용한 소신호 공통 게이트 FET 증폭기를 설계한다. 공통 게이트 증폭기의 직류 및 교류 신호를 측정하여 이론값과 비교하여 실험적 오차를 분석한다.

2 예비 리포트 작성

- p채널 JFET 트랜지스터의 동작원리를 조사한다.
- 실험에 제시된 회로의 DC 해석을 통해 각 노드와 가지의 동작 전압과 전류 이론치를 계산한다.
- JFET을 이용한 공통 게이트 증폭기의 이득과 위상 변화 등을 이론적 방법에 의해 계산하여 결과를 예측하여 본다.

3 실험 준비물

1. 장비: 전원 공급기, 디지털 멀티미터, 함수발생기, 오실로스코프
2. JFET 2N5462(p-channel)
3. 저항 4.7kΩ 1개, 10kΩ 2개 (>1/2W)
4. 캐패시터 10μF 2개

4 실험 방법

(1) 증폭기 회로의 DC 해석

1. 아래 [그림 18.1]의 공통 게이트 증폭기 회로를 구성한다.
2. 전원을 연결하고 디지털 멀티미터를 이용하여 각 노드의 전압과 브랜치의 전류를 측정하여 [표 18.1]에 기록한다.

(2) 증폭기 회로의 AC 해석

1. 함수발생기를 이용하여 Vs의 신호를 30mV$_{pp}$ @1kHz의 사인파로 생성하고 오실로스코프를 이용하여 파형을 확인한다.
2. 오실로스코프를 이용하여 A, B, C, D점에서의 신호를 각각 관찰한다. 이때 모든 측정은 DC 커플링을 이용하여 각 신호의 DC 오프셋을 포함한 신호를 측정하며, AC 커플링으로 오실로스코프의 상태를 변경하여 출력 신호의 크기를 자세히 측정한다. ([그림 18.2]의 그래프 Y축의 중심 전압을 오프셋 전압으로 표시하여 그린다.)
3. A점에서의 입력신호와 D점에서의 출력신호를 오실로스코프의 2개 채널을 이용하여 각각 측정하여 겹쳐서 관찰한다. Peak-to-Peak 전압을 비교하여 [그림 18.3]에 도시하고, 증폭기의 전압 이득을 구한다.

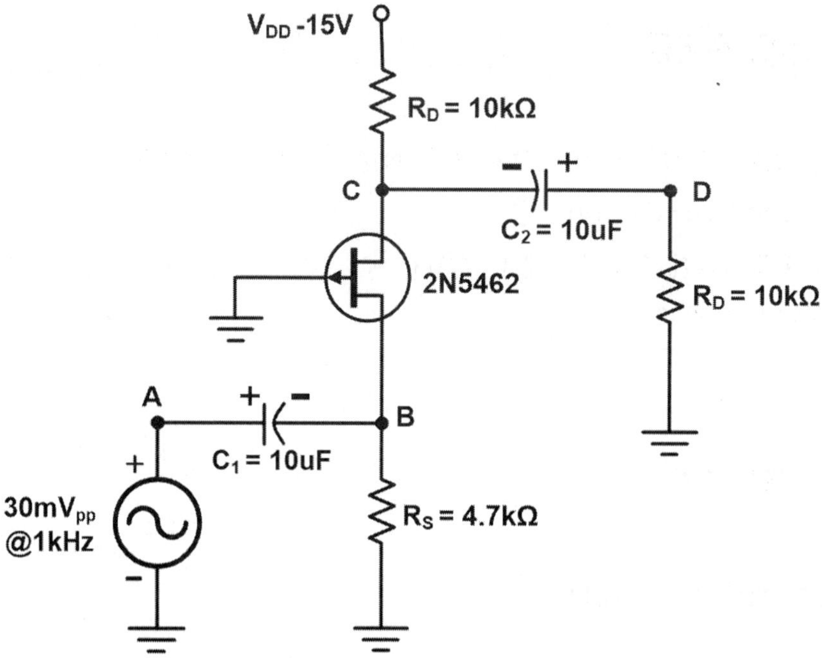

[그림 18.1] JFET 공통 게이트 증폭기 회로

5 실험 결과

[표 18.1] JFET 공통 게이트 증폭기의 직류 해석

	이론값	측정값	오차
V_G (V)			
V_S (V)			
V_D (V)			
I_D (mA)			
V_{DS} (V)			

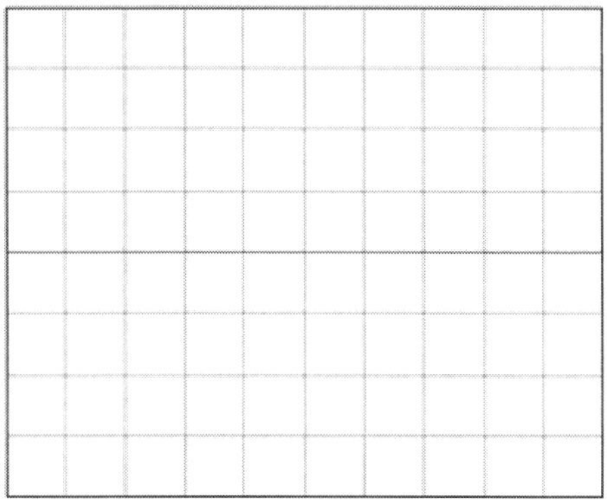

(a) A점에서의 신호

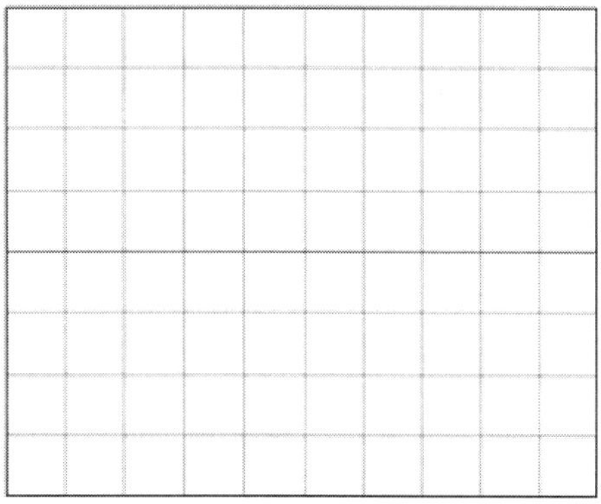

(b) B점에서의 신호

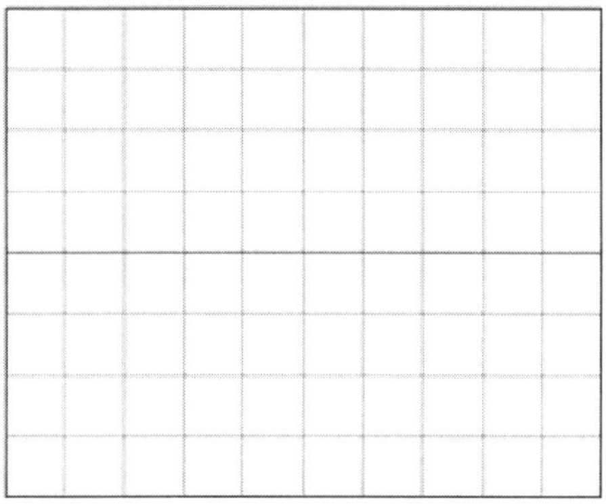

(c) C점에서의 신호

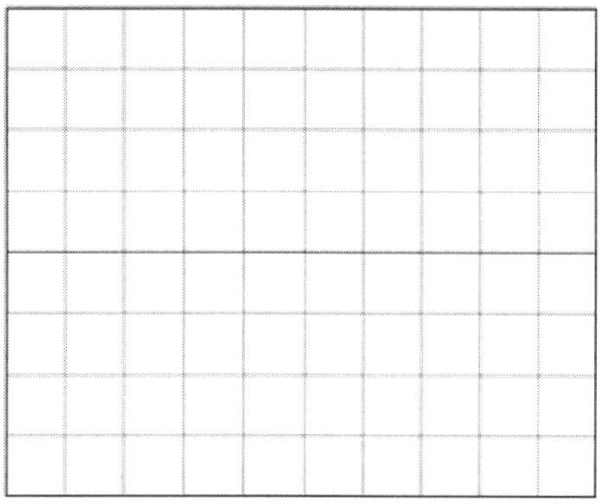

(d) D점에서의 신호

[그림 18.2] JFET 공통 소스 증폭기의 입출력 파형

[그림 18.3] JFET 공통 게이트 증폭기의 이득 측정

6 실험 고찰 및 결과 리포트 작성

- 바이어스 전압과 전류의 이론치와 실험 결과의 오차를 계산하고 그 원인을 분석하시오.
- 공통 게이트 증폭기의 전압 이득의 변화를 예측해 보시오.
- 시스템 회로에서 공통 게이트 증폭기의 응용 방안에 대해 논하시오.

실험 19

증폭기의 주파수 응답 특성 실험

1 실험 목표

주파수에 따른 증폭기의 이득 특성 변화를 이해하고, 대역폭의 개념과 상·하한 임계 주파수의 개념을 이해한다.

2 예비 리포트 작성

- 실험에서 사용할 증폭기의 DC 해석과 AC 해석을 통해 각 노드와 브랜치의 전압 전류를 구하고, 이상적인 동작에서의 전압이득을 구한다.
- 상·하한 임계주파수(Critical Frequency)를 계산해 본다.
- 대역폭(Bandwidth), 임계주파수, 세미로그(Semi-log) 스케일 그래프에 대해 이해하고 내용을 정리해 본다.

3 실험 준비물

1. 장비: 전원 공급기, 디지털 멀티미터, 함수발생기, 오실로스코프
2. BJT 2N3904
3. 저항 100Ω, 820Ω, 3.6kΩ, 4.7kΩ, 33kΩ, 56kΩ (>1/2W)
4. 캐패시터 47nF 3개

4 실험 방법

1. 아래 [그림 19.1]의 공통 에미터 증폭기 회로를 구성한다.
2. V_{CE}, I_C, V_{BE} 등의 직류 전원을 측정하여 계산된 값과 유사하고 안정적인지 확인한다.
3. 파형 발생기로부터 함수발생기를 이용하여 V_S의 신호를 20mV$_{pp}$ @100Hz의 사인파로 생성하고 오실로스코프를 이용하여 파형을 확인한다.
4. 입력단에 발생된 신호를 삽입하고 출력 신호를 측정하여 전압 이득을 구한다.
5. 위의 전압이득 측정을 10Hz, 1kHz, 10kHz, 100KHz, 1MHz, 10MHz에 대해 반복하여 [그림 19.2]의 세미로그 스케일의 보드선도에 전압 이득을 dB 스케일로 그린다.

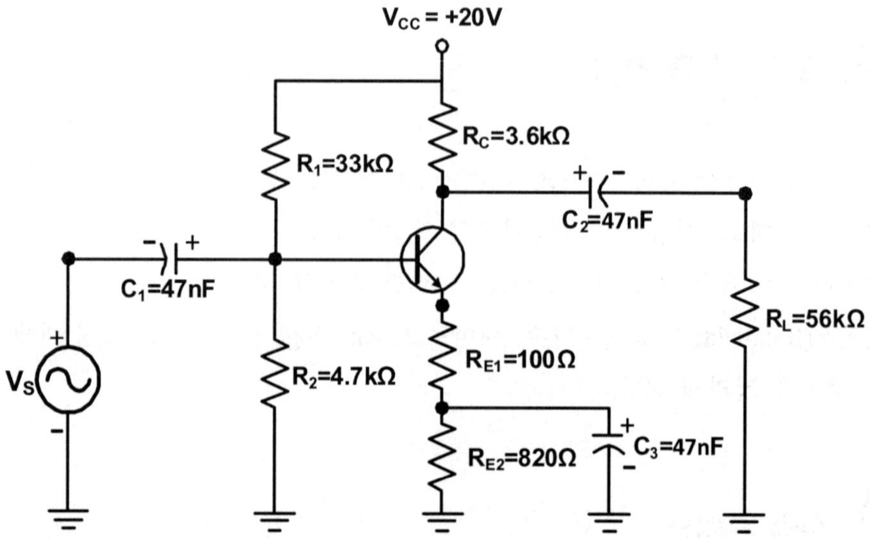

[그림 19.1] 증폭기의 주파수응답 특성 실험 회로

5 실험 결과

[표 19.1] 증폭기 이득의 주파수 응답특성 측정

f (Hz)	V_{in} (mVpp)	V_{out} (mVpp)	A_v	A_v (dB)
10				
100				
1k				
10k				
100k				
1M				
10M				

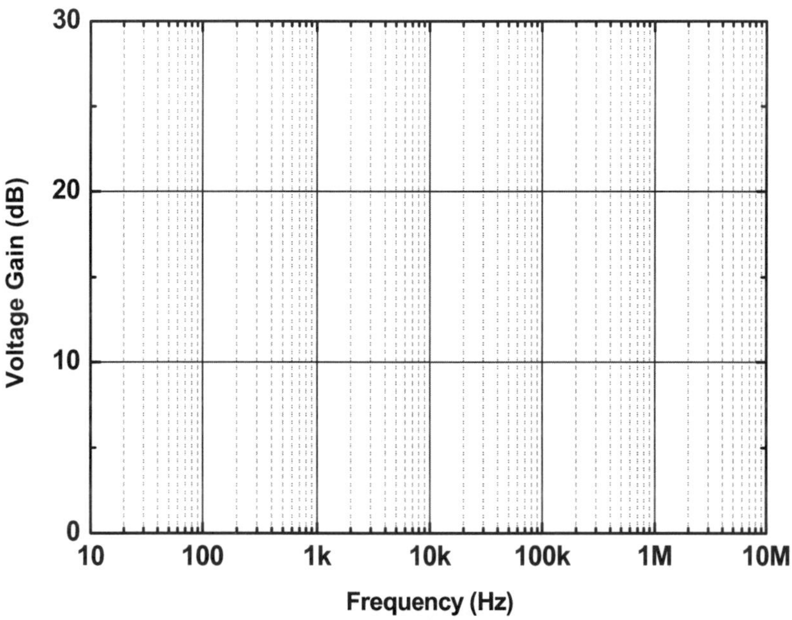

[그림 19.2] 주파수 응답특성 그래프

6 실험 고찰 및 결과리포트 작성

- 측정된 보드선도로부터 하한 임계주파수(lower critical frequency)와 상한 임계주파수(upper critical frequency)를 찾으시오.
- 측정에 의한 보드선도로부터 대략적인 앰프의 대역폭(BW)과 f_T를 구하시오.
- 출력 신호의 주파수에 따른 제한 원인에 대해 논하시오.

실험 20

연산증폭기의 특성 및 폐루프 증폭기 실험

1 실험 목표

연산증폭기(Operational Amplifier)의 기본적인 동작 특성을 이해하고, 이를 이용한 반전, 비반전 증폭 회로를 설계하여 폐루프(Closed Loop) 이득을 측정한다.

2 예비 리포트 작성

- 개루프(Open Loop) 상태의 이상적인 연산증폭기의 구조를 조사하고, 반전 및 비반전 입력 신호에 따른 출력 신호를 예측해 본다.
- 오프셋을 조절하는 이유를 설명하고, 보정회로의 셋업 방법을 기술한다.
- 실험에서 사용할 각 증폭기의 이득의 이론치를 계산하고 dB로 표시한다.

3 실험 준비물

1. 장비: 전원 공급기, 디지털 멀티미터, 함수발생기, 오실로스코프
2. 연산증폭기 LM741
3. 저항 1kΩ, 10kΩ, 47kΩ (>1/2W)
4. 가변저항 5kΩ (Multi-Turn)

4 실험 방법

(1) 연산증폭기의 동작 특성 실험

1. 연산증폭기의 양과 음의 전원을 [그림 20.1]와 같이 연결하고, 반전 입력 단자에 1kHz의 사인파 신호를 10mV$_{pp}$에서 100mV$_{pp}$까지 10mV 단위로 증가시키며 출력 파형의 peak-to-peak 전압을 [표 20.1]에 기록한다. 이때 비반전 입력 단자는 접지면에 연결한다.
2. 입출력 신호를 2개의 채널을 이용하여 동시에 오실로스코프로 관찰하고 파형이 어떻게 변화하는가를 기록한다.
3. [그림 20.1]의 회로에서 반전 입력 단자를 접지면에 연결하고, 함수발생기를 비반전 입력 단자에 연결하여 위 1-2의 실험을 반복한다.
4. 마지막 측정에서 입력 전원을 +20V와 -20V로 변경하고 출력단의 사인파가 어떻게 변화하는지 관찰한다.

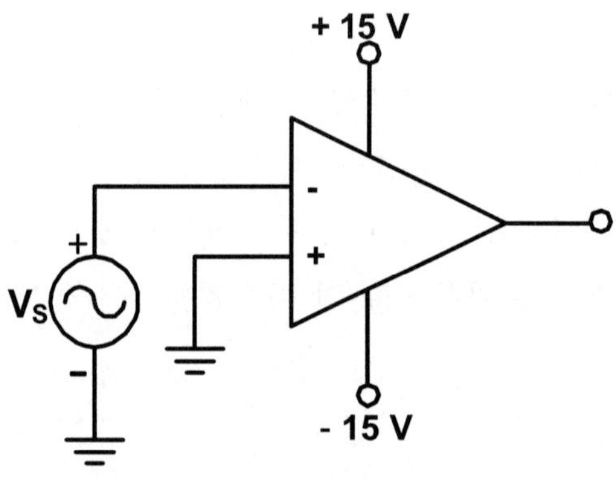

[그림 20.1] 연산증폭기의 특성 실험

(2) 비반전 증폭기 실험

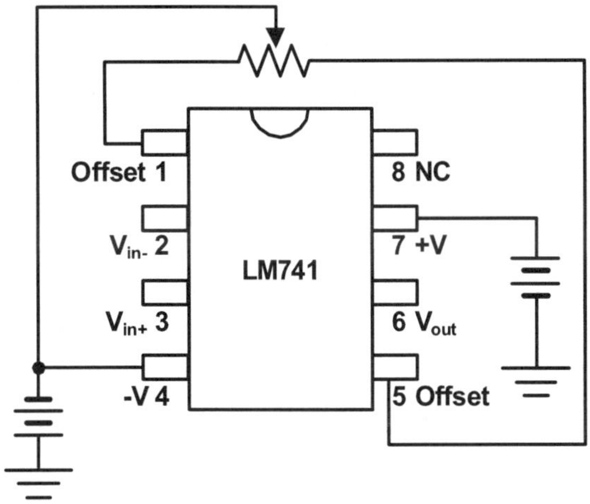

[그림 20.2] 오프셋 보정 실험 회로

1. **[오프셋 보정 회로]** LM741 IC의 오프셋 보정 단자인 'offset' 단자 2개를 규격서에서 확인한다. 2개의 Offset 단자와 음의 전원을 [그림 20.2]와 같이 가변 저항으로 연결한다.
2. **[부궤환 증폭기 회로]** 오프셋 보정회로를 유지하면서 아래 [그림 20.3]의 비반전 증폭기 회로를 동시에 구성한다.
3. **[오프셋 전압 측정]** 연산증폭기의 두 입력 단자를 모두 접지(GND) 단자에 연결하고, 출력 단자에서의 오프셋 DC전압을 디지털 멀티미터로 측정한다. 측정된 전압은 이론적으로 0V이어야 하며 내부 불균형에 의한 오프셋 전압이 된다.
4. **[오프셋 보정]** 출력 오프셋 전압을 관찰하면서 가변저항 값을 조정하여 오프셋 전압이 0V가 되도록 보정을 수행한다.
5. **[증폭기 이득측정]** 함수발생기를 이용하여 Vs의 신호를 $20mV_{pp}$ @1kHz의 사인파로 생성하고 오실로스코프를 이용하여 파형을 확인한다.
6. 생성된 사인파를 연산증폭기의 반전 입력단에 연결하고, 입출력 신호의 진폭을 각각 측정하여 [표 20.2]에 기록한다.
7. 입출력 파형의 동시에 측정하여 [그림 20.5]에 겹쳐 그린다. 이때 그래프의 Y축 스케일은 각각 달리할 수 있다.

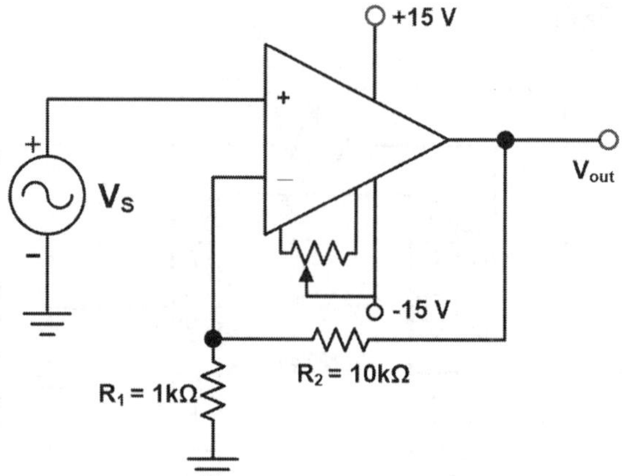

[그림 20.3] 비반전 증폭기 회로

(3) 반전 증폭 회로

1. 오프셋 보정 회로를 유지한 채, [그림 20.4]와 같이 반전 증폭기 회로를 구성한다.
2. 앞에서 수행한 방식대로 오프셋 보정을 다시 수행한다.
3. 함수발생기를 이용하여 V_S의 신호를 20mV_{pp} @1kHz의 사인파로 생성하고 오실로스코프를 이용하여 파형을 확인한다.
4. 생성된 사인파를 연산증폭기의 비반전 입력단에 연결하고, 입출력 신호의 진폭을 각각 측정하여 [표 20.2]에 기록한다.
5. 입출력 파형을 동시에 측정하여 [그림 20.6]에 겹쳐 그린다. 이때 그래프의 Y축 스케일은 각각 달리할 수 있다.
6. 회로의 피드백 저항인 R_1과 R_2를 제거한 후, R_2를 단락하여 소스 팔로워를 만든다. 앞의 실험과 동일하게 측정값을 확인하여 [표 20.2]에 기록한다.
7. 오프셋 저항을 제거하고 출력 값의 차이를 관찰한다.

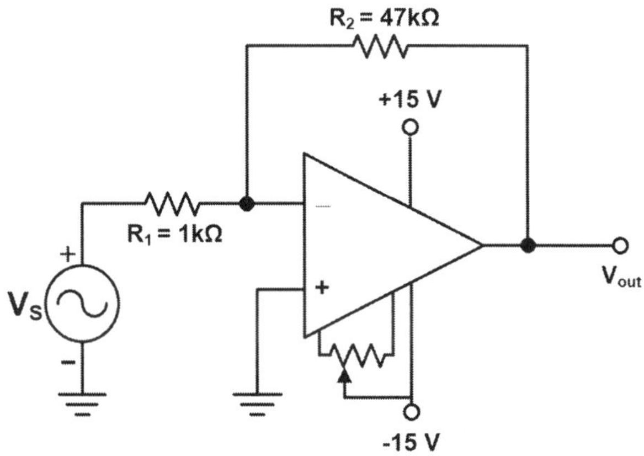

[그림 20.4] 반전 증폭 회로

5 실험 결과

[표 20.1] 반전 및 비반전 입력에 대한 이상적 연산증폭기 출력

입력 (mV_{pp})	반전 입력	비반전 입력	입력전압 (V_{pp})	반전 입력	비반전 입력
10			60		
20			70		
30			80		
40			90		
50			100		

오프셋 전압 측정

오프셋 전압	V

[표 20.2] 연산증폭기의 이득 측정

	V_{in} (mV_{pp})	V_{out} (mV_{pp})	$A_v = V_{out}/V_{in}$	A_v (이론값)	오차 (%)
비반전 증폭					
반전 증폭					
전압폴로어					

[그림 20.5] 비반전 증폭회로 입출력 파형

[그림 20.6] 반전 증폭회로 입출력파형

6 실험 고찰 및 결과 리포트 작성

- 연산증폭기의 부궤환이 있는 경우와 없는 경우의 실험을 비교하여 부궤환의 역할에 대해 기술하시오.
- 폐루프가 없는 증폭기에서 출력 신호의 크기를 제한하는 요소가 무엇인지 그리고 왜 그러한지를 실험 내용에 비추어 기술하시오.
- 오프셋 전압을 보정하지 않았을 경우와 보정하였을 경우에 대한 증폭기 출력 값의 차이를 분석하시오.
- 피드백 저항 값의 변화에 따른 측정된 이득으로부터 증폭기의 fr를 추측하시오.

실험

21 연산증폭기를 이용한 미적분 회로

1 실험 목표

미분 회로와 적분 회로의 이론적 동작 원리를 이해하고, 연산증폭기를 이용한 미적분 회로를 설계하여 그 출력 신호를 이론적으로 도출하고 측정을 통한 결과를 분석한다.

2 예비 리포트 작성

- 미분 회로에 의한 신호의 입출력 관계를 이해하고, 실험에 사용될 미분 회로 입력 신호에 대한 출력 신호를 계산에 의해 유도하고 그 파형을 도시해 본다.
- 적분 회로에 의한 신호의 입출력 관계를 이해하고, 동일한 방법으로 출력 신호를 도시해 본다.

3 실험 준비물

1. 장비: 전원 공급기, 디지털 멀티미터, 함수발생기, 오실로스코프
2. 연산증폭기 LM741
3. 저항 1kΩ, 10kΩ 각 1개, 100kΩ, 2개 (>1/2W)

4. 가변저항 5kΩ (Multi-Turn)
5. 캐패시터 1nF, 10nF

4 실험 방법

(1) 미분 회로 실험

1. 오프셋 보정 회로를 포함하여 아래 [그림 21.1]의 미분 회로를 구성한다.
2. **[오프셋 보정]** 앞 장에서 시행한 오프셋 보정을 수행한다.
3. 신호 발생기를 이용하여 진폭이 -1V에서 +1V이고 주파수가 1 kHz인 삼각파를 생성하여 오실로스코프로 파형을 확인하고 입력 단자에 연결한다.
4. 오실로스코프로 입력단과 출력단의 신호를 각각 비교하고, 그 파형을 [그림 21.3]에 각각 그리고 x 축과 y 축 스케일을 정확히 기록한다.
5. 미분 소자인 C_1의 값을 1nF으로 바꾼 경우와 R_2의 값 100kΩ으로 각각 변화시키며 파형이 어떻게 변화하는가를 관찰한다.

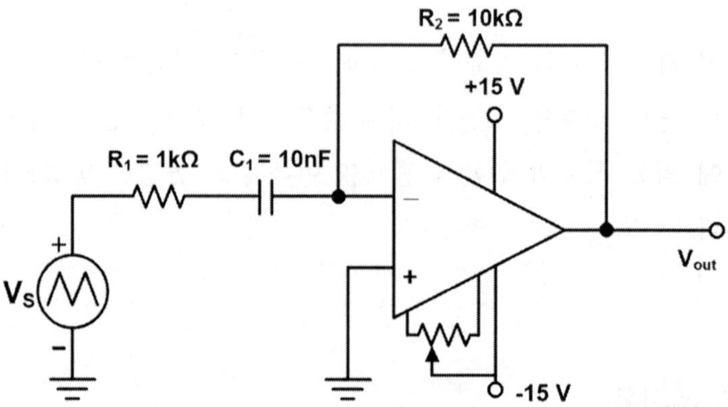

[그림 21.1] 연산증폭기를 이용한 미분 회로

(2) 적분 회로 실험

1. 오프셋 보정 회로를 유지한 상태로 아래 [그림 21.2]의 적분 회로를 구성한다.
2. **[오프셋 보정]** 오프셋 보정을 수행한다.
3. 신호 발생기를 이용하여 진폭이 -1V에서 +1V이고 주파수가 5kHz인 사각파를 생성하여 오실로스코프로 파형을 확인하고 입력단자에 연결한다.
4. 오실로스코프로 입력단과 출력단의 신호를 각각 비교하고, 그 파형을 [그림 21.4]에 각각 그리고 x축과 y축 스케일을 정확히 기록한다.
5. 적분소자인 C_1의 값을 1nF으로 바꾼 경우와 R_1의 값 1kΩ으로 각각 변화시키며 파형이 어떻게 변화하는가를 관찰한다.

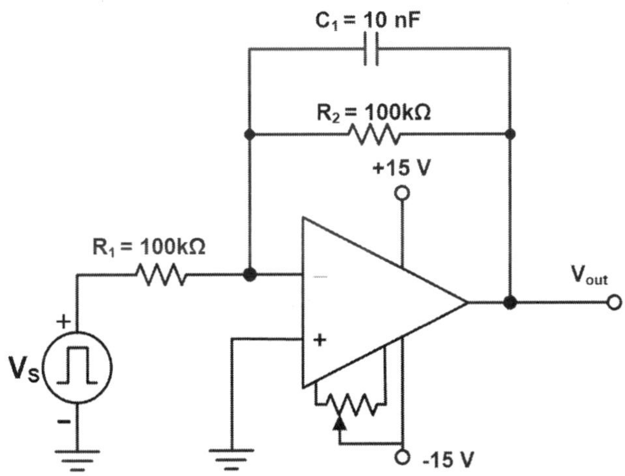

[그림 21.2] 연산증폭기를 이용한 적분 회로

5 실험 결과

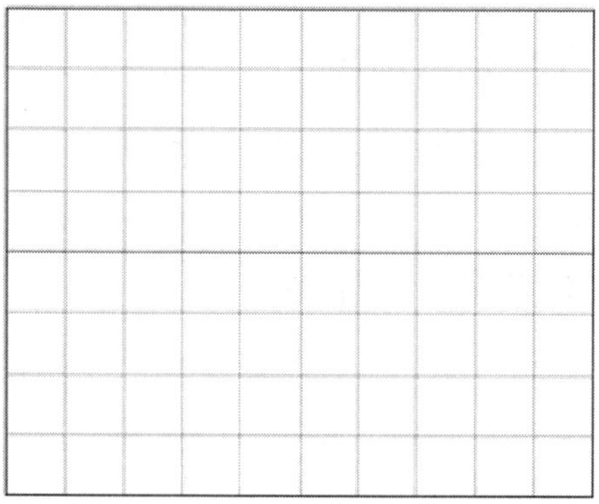

입력 파형

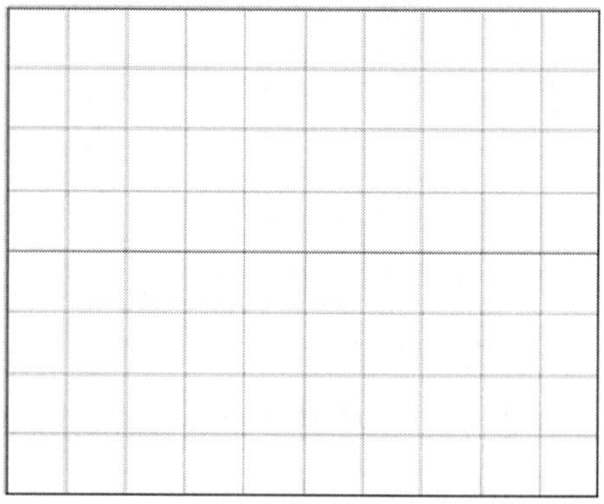

출력 파형

[그림 21.3] 미분 회로의 입출력 신호 파형

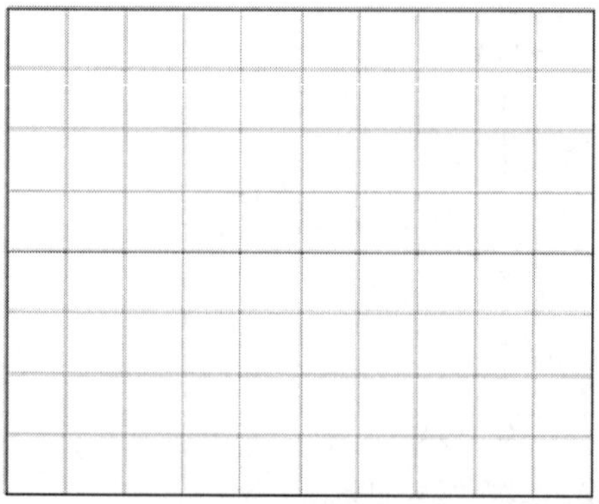

입력 파형

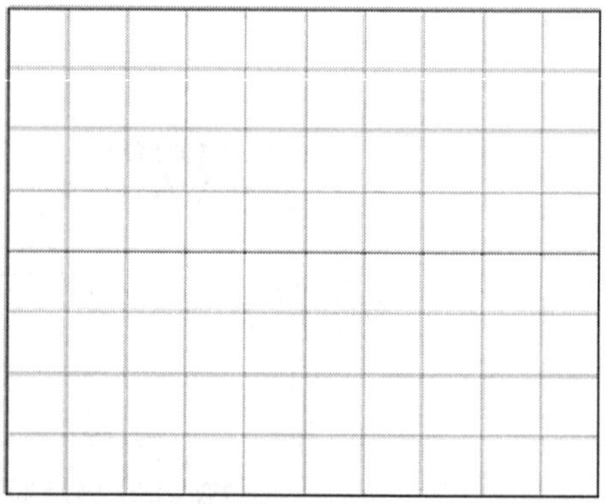

출력 파형

[그림 21.4] 적분 회로의 입출력 신호 파형

6 실험 고찰 및 결과 리포트 작성

- 미적분 회로의 출력 신호가 이론적으로 계산된 파형과 다른 점을 관찰하여 기술하고, 이러한 차이점이 발생하는 원인을 분석하시오.
- 미분 회로와 적분 회로의 미적분 파라미터인 캐패시터와 피드백 저항 값의 변화에 따른 출력 파형의 변화를 각각 기술하고 그 이유를 이론적 수식에 비추어 설명하시오.

실험 22

연산증폭기를 이용한 비교기와 트리거 회로

1 실험 목표

연산증폭기를 이용하여 비교기와 슈미트 트리거(Schmitt Trigger) 회로를 설계하고 각 회로의 동작 원리와 응용 분야를 이해한다.

2 예비 리포트 작성

- 비교기와 슈미트 트리거 회로의 동작 원리를 이해한다.
- 실험에 사용할 비교기 회로와 슈미트 트리거 회로의 실험 결과를 이론적으로 계산하여 예상되는 실험 결과를 도출한다.
- 비교기와 슈미트 트리거 회로의 응용 분야와 응용 예에 대해 각각 조사한다.

3 실험 준비물

1. 장비: 전원 공급기, 디지털 멀티미터, 함수발생기, 오실로스코프
2. 연산증폭기 LM741
3. 저항 1kΩ, 4.7kΩ (>1/2W)
4. 가변저항 5kΩ 2개 (Multi-Turn)

4 실험 방법

(1) 비교기 실험

1. 오프셋 보정 회로를 포함하여 아래 [그림 22.1]의 회로를 구성한다. 이때 가변저항 R_1은 5kΩ을 사용하고 회로에 연결하기 전에 디지털 멀티미터를 사용하여 단자 1-3 사이의 저항이 4kΩ, 2-3 사이의 저항이 1kΩ이 되도록 조절한 후에 사용한다.
2. **[오프셋 보정]** 연산증폭기의 오프셋을 측정하고 가변 저항을 이용하여 오프셋 보정을 수행한다.
3. 함수발생기를 이용하여 V_s의 신호를 0V 기준으로 +/-3V인 $6V_{pp}$ @1kHz의 사인파로 생성하고 오실로스코프를 이용하여 파형을 확인한다. (이때 오실로스코프는 DC 커플링을 유지하여 실제 전압을 관찰한다.)
4. 입력 신호를 회로에 인가하고 입력신호와 출력 신호를 관찰하여 [그림 22.3]에 겹쳐서 그리고 시간축 스케일을 정확히 기록한다.
5. 가변저항 R_1의 조절 단자를 움직이며 출력 신호의 변화를 관찰한다.
6. 비교의 기준(Reference)으로 설정할 기준 전압(V_{ref})을 임의로 설정한 후, 그 전압에서 출력 신호가 디지털화되도록 가변 저항을 조절한다. 출력 값이 조정되면 가변 저항을 회로에서 분리하여 1-3단자와 2-3단자간 저항값을 측정하여 이론값과 비교해 본다.

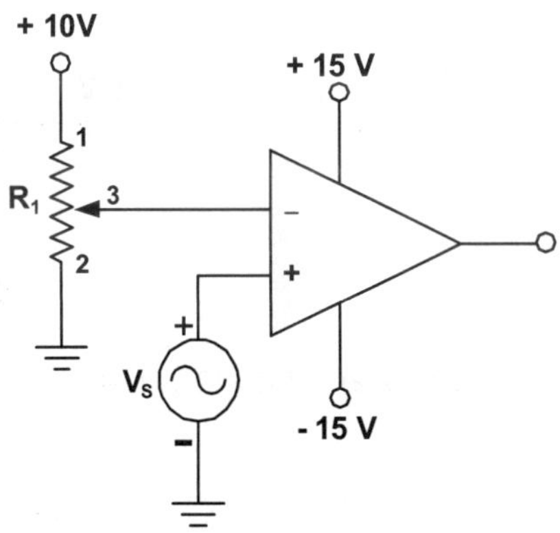

[그림 22.1] 비교기 회로

(2) 슈미트 트리거 실험

1. 오프셋 보정 회로를 유지한 상태로 [그림 22.2] 회로를 구성한다.
2. 함수발생기를 이용하여 Vs의 신호를 0V 기준으로 +/-5V인 $10V_{pp}$ @1kHz의 사인파로 생성하고 오실로스코프를 이용하여 파형을 확인한다. (이때 오실로스코프는 DC 커플링을 유지한다.)
3. 입력 신호를 회로에 인가하고 입력신호와 출력 신호를 관찰하여 [그림 22.4]에 겹쳐서 그리고 시간축 스케일을 정확히 기록한다.
4. 함수발생기를 비반전 입력 단자에서 제거하고, 직류 전원 공급기를 연결한다.
5. 전원공급기 전압을 1V에서 10V까지 1V 간격으로 증가시키고 그때의 출력 전압을 디지털 멀티미터로 측정하여 [표 22.1]에 기록한다.
6. 다시 전원공급기 전압을 10V에서 -10V까지 1V 간격으로 감소시키면서 출력 전압을 기록한다.
7. 앞의 5-6의 실험 결과를 각 측정 단계에 대한 입력 전압과 출력 전압 그래프를 [그림 22.5]에 도시한다. (x축은 각 측정 순서의 번호, y축은 입력 전압과 출력 전압 그래프를 겹쳐 그린다.)

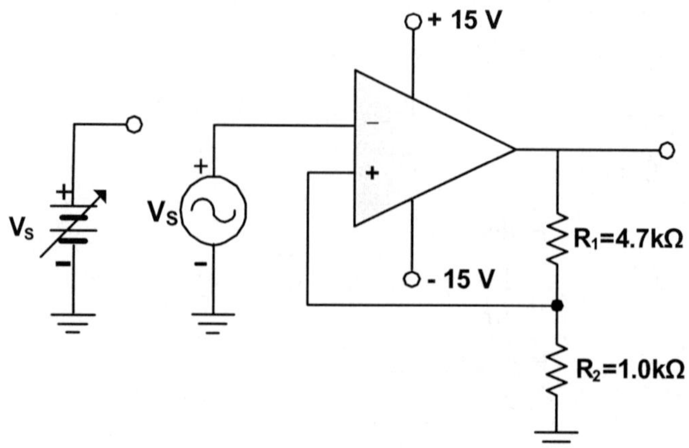

[그림 22.2] 슈미트 트리거 회로

5 실험 결과

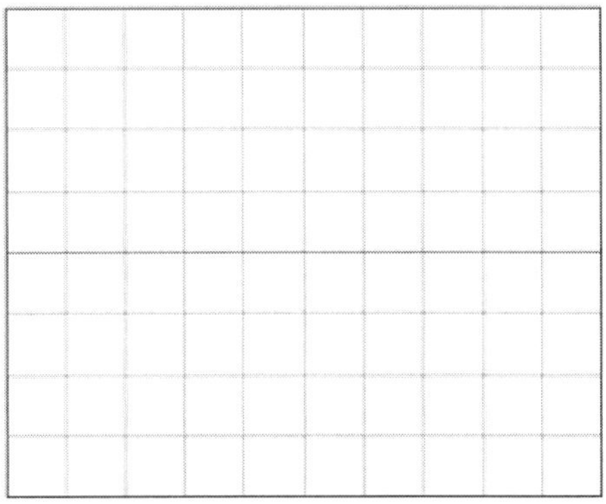

[그림 22.3] 비교기 입출력 신호

[그림 22.4] 슈미트 트리거의 정현파 입출력 신호

[표 22.1] 슈미트 트리거 전압 변화 응답

No.	1	2	3	4	5	6	7	8	9	10	11	12	13	14	15
V_{in}	1V	2V	3V	4V	5V	6V	7V	8V	9V	10V	9V	8V	7V	6V	5V
V_{out}															
No.	16	17	18	19	20	21	22	23	24	25	26	27	28	29	30
V_{in}	4V	3V	2V	1V	0V	-1V	-2V	-3V	-4V	-5V	-6V	-7V	-8V	-9V	-10V
V_{out}															

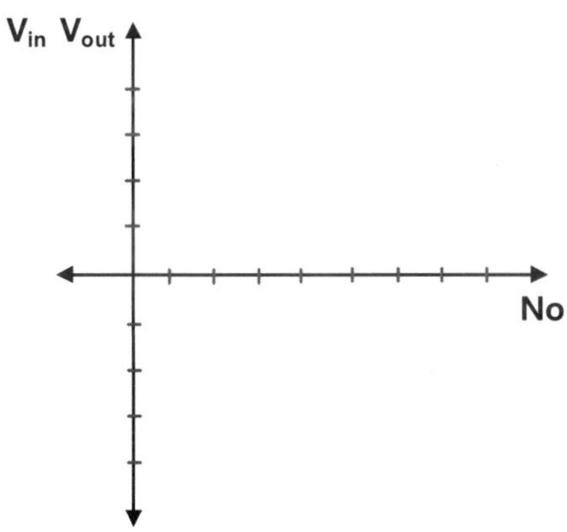

[그림 22.5] 입력 전압 변화에 따른 출력 전압 Triggering 특성

6 실험 고찰 및 결과 리포트 작성

- 임의의 파형을 갖는 입력 신호에서 비교기의 기준 전압(V_{ref})은 어떻게 설정하는 것이 좋은지 논하시오.
- Schmitt Trigger 회로의 Triggering 상하한 전압은 어떤 역할을 하는지 실험 결과를 통해 설명하시오.
- Schmitt Trigger 회로의 Trigger 전압이 너무 높거나 너무 낮을 경우 발생하는 문제에 대해 논하시오.

자동차가 꿈꾸는 미래

강준영

(NXP Semiconductor Korea, Automotive 사업부 부장)

인류가 처음 진공관과 트랜지스터를 발명하여 전자공학이라는 새로운 기술의 장을 연 이후, 관련 기술은 생활 곳곳으로 확산되어 왔고 이러한 추세는 현재에도 여전히 진행 중이다. 최근 이러한 추세 가운데 가장 뜨거운 분야 중 하나가 자동차가 아닐까 싶다. 자동차의 시초에 대해서는 갑론을박이 있으나, 이미 발명된 가솔린 엔진을 활용하여 삼륜 자동차인 페이턴트 모터바겐(Patent-Motorwagen)을 세상에 선보인 칼 벤츠(Karl Benz)의 자동차를 근대 자동차의 시초로 보고 있다. 초기 자동차에는 시스템 자체에 따로 전기 장치가 구비되어 있지는 않았으나 자동차에 각종 편의장치가 추가가 되면서 전자 기기는 점차 자동차 플렛폼의 일부로 자리잡게 되었다.

자동차의 구성은 크게 1) 차량의 동력원을 만드는 엔진 및 조향과 제동을 담당하는 샤시(Chassis), 2) 차량의 도어나 창, 조명 장치를 포함하는 바디(Body), 그리고 3) 차량용 배터리와 이를 이용한 각종 편의장치를 담당하는 전장(전기전자장치부) 등으로 나눌 수 있다. 초기의 전장 부품은 전조등이나 차량 내 라디오와 같은 제한적인 분야에서 활용되었으나, 최근에는 마이크로프로세서(MCU)나 스위치, 센서 등을 이용한 차량 운용과 제어에 폭넓게 사용되어 전장 없이는 차량 자체가 굴러가지 않을 정도로 그 비중이 확대되었다. 심지어 화석 연료를 사용하는 가솔린이나 디젤 엔진의 대안으로 전기 자동차에 대한 논의가 활발히 진행되고 있다. 이는 가솔린이나 디젤 기관의 보조장치에 불과했던 전장 장비들이 자동차의 구동 장치를 대체하면서 자동차 시스템의 핵심 기술 전면에 나서고 있는 형국이다. 자동차의 전장 부품들을 필자 나름대로 몇 가지 나열해 보자면, 기존 차량 라디오나 GPS 내장 네비게이션을 포함한 자동차 인포테인먼트 시스템(Car Infotainment System), 운전자의 편의를 위한 ADAS(Advanced Driver Assistance System), 차량을 공중 통신망에 연결시키고 위급상황 구조 등의 서비스를 제공하는 텔레매틱스(Telematics), 차량 자율 주행을 목적으로 현재 개발 중인 V2X(Vehicle-to-Infra/Vehicle/Nomadic), 그리고 기존 차량 계기판을 디지털 화면으로 개선한 디지털 클러스터(Digital Cluster) 또는 이칵핏(eCockpit) 등을 들 수 있다. 이러한 시스템들은 운전자와의 직접적인 인터페이스를 담당하여 고성능의 멀티미디어 성능을 사용하고 있다. 하지만 이 외에 실제 자동차에는 이런 고성능 사용자 인터페이스를 사용하지 않고 소형 마이크로 컨트롤러나 아날로그 IC 등을 이용하여 운전자가 알지 못하는 기계적인 움직임을 개선하는 다양한 장치들이 있다. 이를 나열해 보자면 엔진의 동작을 조작하여 개선하는 ECU(Engine control unit), 차량 제동 능력 향상을 위한 ABS(anti-lock brake system), 전기차나 하이브리드 시스템의 배터리를 관리하는 BMS (Battery monitoring System), 조향 장치의 편의성을 개선하는 EPS(electric power steering), 타이어 압력을 감시하는 TPMS(Tier pressure monitoring system) 등이 그것이다.

이와 함께 최근의 자동차 기술 가운데 가장뜨거운 분야는 아마도 무인주행과 전기자동차가 아닐까 싶다. 무인주행은 인류가 오랫동안 꿈꿔온 자동차의 미래이다. 과거에는 무인자동차가 카메라를 이용한 영상처리기술을 바탕으로 주변 환경을 인식하고 주행하였다. 하지만 최근에는 여전히 이 기술을 바탕으로 하지만 주변 사물을 모두데이터베이스화하여 통신을 주고받으며 자동차를 제어하는 방향으로 변화하였는데 구글(Google)의 무인주행자동차나 V2X와 같은 기술은 이와 같은 경향을 반영하고 있다. 이와더불어 전기자동차가 배터리에 충전된 전력을 이용하여 자동차를 구동하던 기본적인 아이디어에서 출발하여 최근에는 연료전지, 수소전기, 하이브리드 자동차 등과 같이 다양한 형태의 전기를 동력원으로 사용하기 시작하였고 효율적인 동력원에 대한 논쟁은 지금도 계속되고 있다. 이와 같은 자동차 전장기술들의 다양성과 변화는 일일이 소개하는 것 자체가 쉽지 않다. 과연최초의 자동차를 고안한 사람들이 이러한 변화를 상상할 수 있었을까? 바꾸어 이야기해 보면 지금을 살고있는 우리가 그 만큼 먼 미래의 세상을 쉽게 상상해 볼 수 있을까? 빠르게 변화하는 기술의 진보를 경험하는 엔지니어로서 한번 생각해 볼 문제이다.

최근의 자동차 기업들 중 가장 혁신적인 기업으로 많은 사람들이 미국의 전기자동차 업체인 테슬라(Tesla)를 이야기하고 있다. 테슬라는 단순히 기존화석연료 엔진에서 전기모터로 구동하는 자동차를 만든다는 것 이상으로 다양한 혁신적인 차량 인터페이스를 제시하여 사람들을 놀라게 하고 있다. 이 업체의 CEO인 앨런 머스크(Allen Musk)는 “Don't be afraid of new arena”라고 말했다. 세상은 끊임없이 변화하고 그 변화의 빠르기는 늘 상상이상이다. 하지만 그 변화를 두려워하지 말고 항상 준비하자. “New Arena”는 새로운 기회의 장소이기 때문이다.

III

프로젝트 설계

Project

01 납땜 실습

1 실험 목표

전자 회로의 PCB 제작을 위한 납땜의 이론과 도구, 방법을 학습하며, 실습을 통해 견고하고 깔끔한 납땜 요령을 습득한다.

2 납땜의 도구

(1) 인두기(Soldering Iron)

인두기는 높은 온도로 달궈진 팁(tip)을 통해 납을 녹이고 기판에 땜질을 하는 기구이다. 일반적으로 25~70W의 전력으로 출시되며, 고정형은 250℃~300℃ 정도의 온도를, 온도 조절형은 200℃~700℃의 온도를 제공한다. 온도 조절이 가능한 인두기의 경우 일반 실납 땜질 시, 250℃~300℃ 정도에서 사용하면 적절하다.

[그림 P1.1] 인두기 사진

인두기는 본체와 팁(tip), 스탠드, 클리너(cleaner)로 구성되어 있다. 본체에 연결된 팁은 실납을 녹이고 땜을 하는 부분으로 길이, 지름, 모양에 따라 여러 종류가 있으며, 오래 사용하면 불순물 등으로 인해 온도 전도도가 떨어지므로 교체하는 것이 좋다. 본체의 금속 부분과 팁은 매우 높은 온도이므로 사용시 항상 주의하고 사용하지 않을 경우 반드시 스탠드에 꽂아 두어야 한다. 또한 장시간 사용하지 않을 때는 전원을 제거하여 인두 팁이 손상되거나 화재의 발생 위험을 줄여야 한다. 클리너는 철심 형태와 스폰지 형태로 제공되는데 납땜에서 발생하는 잔유물을 항상 제거하며 땜을 하는 것이 좋다.

(2) 실납(Lead, Pb)

납은 녹는 점이 낮고 전도도가 비교적 좋아 회로 기판을 연결하는 땜의 소재로 오랫동안 사용되어 왔다. 일반적으로 굵기가 0.4~1.2m인 원통 형태의 실납은 납(Pb) 30%, 주석(Sn) 70%로 구성되어 있으며, 전도도를 높이기 위해 은(Ag)이 2~3% 섞인 제품도 있다. 최근에는 납의 유해성으로 인해 납을 사용하지 않는 무연납(Pb Free) 제품이 많이 사용되고 있으며, 주석(96~99%), 구리와 은(1~3%), 또는 주석, 구리와 실리콘(SiO_2)으로 구성되어 있으며, 녹는점은 기존 제품과 유사한 섭씨220도 내외로 제작되어 있다. 특수한 용도로 제작된 크림 형태, 특수 모양(링 등), 다양한 녹는점의 납이 제공되고 있다.

(3) 솔더링 페이스트(Soldering Paste)

솔더링 페이스트는 납땜에 사용하는 유기 용매이다. 실납을 가열하면 실납에 녹아있는 용매가 증발하여 열을 가해도 납이 잘 녹지 않고 딱딱하게 되는 현상이 발생한다. 솔더링 페이스트를 기판에 발라 두고 실납과 인두기를 함께 접촉하면 기판의 도체 패드로 납이 잘 증착하게 되어 편리하게 납땜을 할 수 있다.

(4) 납 제거기

기판에 부품을 잘못 연결하였을 경우, 무리하게 부품을 제거하려 하면 기판이 손상될 수 있으므로, 납 제거기를 통해 연결된 납을 충분히 제거하는 것이 좋다. 인두기로 납땜이 된 부분의 납을 충분히 녹이고 납 제거기를 접촉하여 납을 흡입하는 방법을 사용한다. 만능기판의 납을 제거하는 '납 흡입기'와 SMD 기판의 납을 제거하는 '납 흡착심지' 등이 있다.

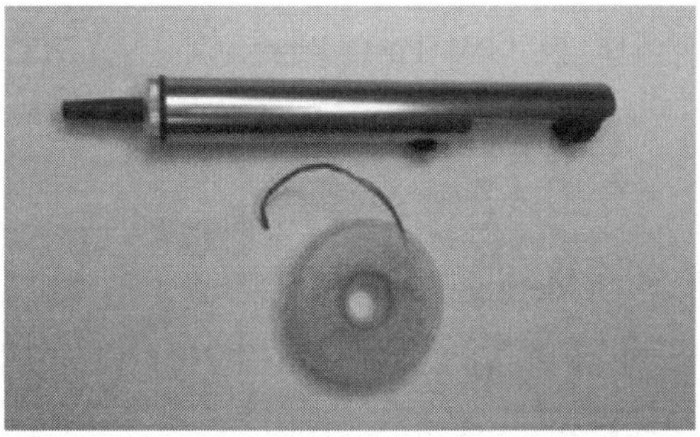

[그림 P1.2] 납 제거기; 납 흡입기(위), 납 흡착심지(아래)

3 납땜의 기초

(1) 인두관리 요령

A. 새 인두 관리

① 인두를 달구어 먼저 납을 골고루 도포하여 팁의 산화를 방지한다.

② 가끔 인두 팁을 Soldering Paste에 짧게 적셔 팁 표면을 세척한다.

③ Soldering Paste 후 필히 납을 골고루 도포한다.

④ 인두 팁에 묻은 이물질은 철 스폰지 혹은 물 묻은 가재에 닦는다.

B. 납땜할 때

① 인두를 달구어 납땜을 시작한다.

② 가끔 인두 팁을 Soldering Paste에 살짝 적셔 팁의 표면을 세척한다.

③ Soldering Paste 후 필히 납을 골고루 도포한다.

④ 인두 팁에 묻은 이물질은 철 스폰지 혹은 물 묻은 가재에 닦는다.

C. 납땜 종료 시

① 인두의 전원을 끈다.

② 인두의 팁을 잘 닦은 뒤 Soldering Paste에 세척한다.

③ 세척과 동시에 납을 고르게 도포하고 가재로 닦아 윤기가 나도록 한다.

D. 인두 팁의 인두 처리 방법

① 5분 이상 납땜을 하지 않을 경우 인두의 전원을 끈다. (열에 의한 산화 방지)

② 인두 팁이 검게 산화되어 가재 및 Paste로도 제거되지 않을 경우 칼이나 금속으로 가볍게 긁어낸 뒤 다시 Paste 세척 후 납을 도포한다.

(2) 납땜 방법

A. 납땜할 기판 위치에 Soldering Paste를 바른다.

B. 납땜할 곳에 인두 팁을 댄 뒤 2~3초 정도 가열한다.

C. 인두의 반대편에 납을 살짝 대어 녹인다.

D. 인두를 떼고 납땜 상태를 확인한다. 납에 윤기가 나고 한 덩어리로 매끈하게 되었으면 양호한 것이다.

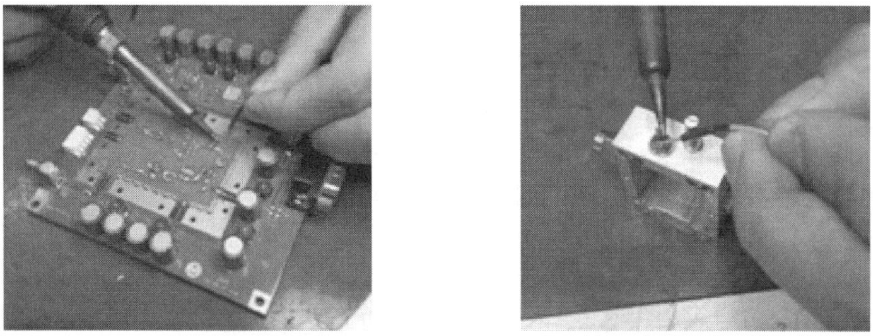

(a) 기판 납땜　　　　(b) 지그(zig) 납땜

[그림 P1.3] 납땜 부위 인두가열 방법

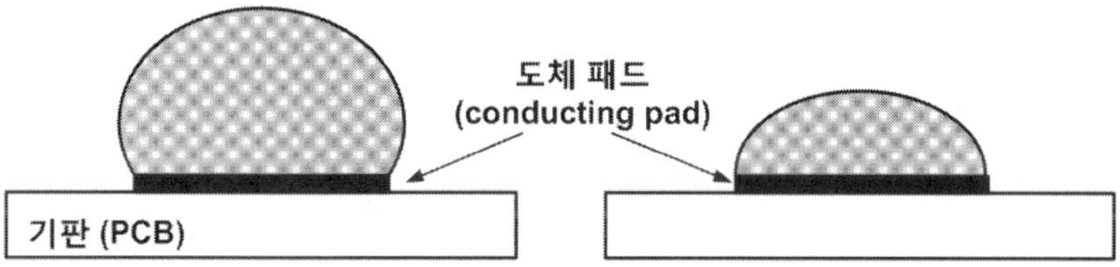

(a) 과납 상태　　　　(b) 양호 상태

[그림 P1.4] 기판에 접착된 납의 양과 모양

(3) 플러그인 타입 부품의 납땜 방법

A. 저항, 캐패시터 등의 리드를 기판에 넣고 니퍼 혹은 롱노즈 플라이어로 [그림 P1-3]과 같이 구부린 뒤, 옆 패드와 닿지 않을 정도의 적당한 길이를 남기고 니퍼로 잘라낸다.

B. 인두를 납땜 부위에 2~3초간 가열한 뒤 납을 인두 팁의 반대편에 살짝 대어 납을 녹여 땜을 한다.

C. 아래 그림과 같이 전선을 따라 유선형으로 납이 묻어 있어야 하며 너무 많은 양의 납은 오히려 견고함을 해친다.

[그림 P1.5] 플러그인 타입 부품 기판 납땜

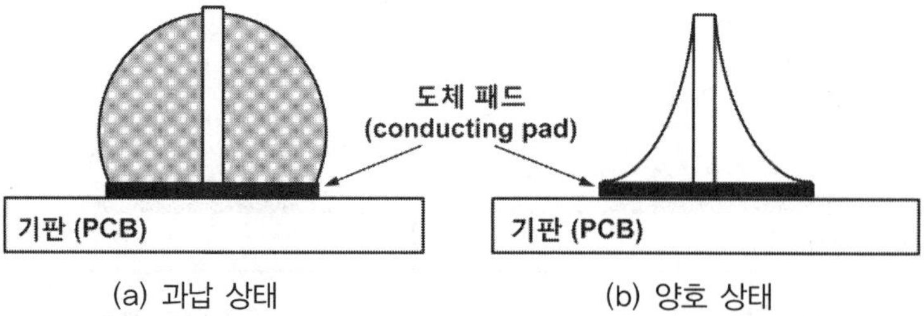

[그림 P1.6] 플러그인(Plug-In) 타입 부품의 리드선 기판 납땜

(4) 배선의 납땜 방법

A. 전선의 피복을 약 4-5mm 벗긴다.

B. 인두를 선에다 댄 뒤 납을 대어 얇게 납을 입힌다. (pre-tinning)

C. 선을 기판에 넣은 뒤 위의 플러그인 리드선과 같은 방법으로 땜한다.

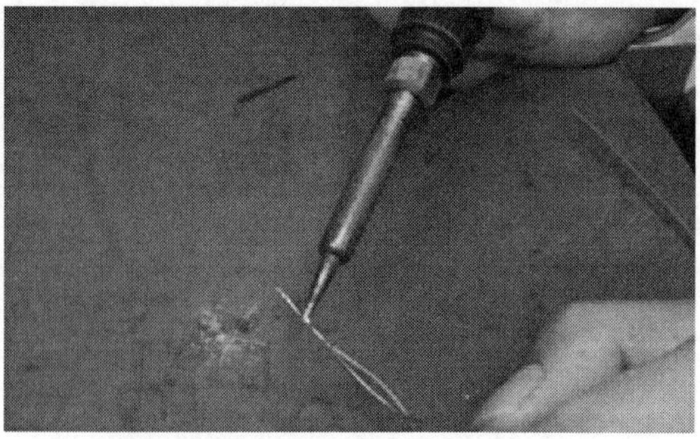

[그림 P1.7] 전선의 Pre-Tinning

주의사항

▣ 인두 팁에 납을 묻혀서 납땜하지 말 것

인두기와 실납을 함께 기판에 접촉시킨 상태로 납을 공급한다. 팁에 납이 오랜 시간 있을 경우, 용매가 증발하여 납이 굳고 녹지 않게 된다. 또한 인두 팁의 손상 원인이 된다.

▣ 납땜 시 수시로 인두 팁을 철 스폰지 혹은 가재 등으로 세척 할 것

팁에 납 잔여물이 남아있을 경우, 인두 팁의 온도가 올라가지 않아 납이 녹지 않으며 인두 팁이 타게 된다.

▣ 납땜이 잘못 되었을 경우, 무리하게 인두를 대지 말고 다음의 방법을 따를 것

땜이 매끈하게 되지 않았거나 한 덩어리로 기판에 접착되지 않았을 경우, 납땜 위치에 Soldering Paste를 바르고 인두기로 가열하여 모든 납들을 녹여낸 후 인두기를 제거한다.

잘못된 땜의 경우, 납 제거기를 사용하여 최대한 납을 제거한 후에 핀셋이나 롱 로우즈 등을 사용하여 소자를 제거한다.

▣ IC 및 트랜지스터 등의 능동 소자는 과열 주의

IC는 과열로 회로가 손상될 수 있으므로 주의하여야 한다. 가능한 회로 기판에서 맨 나중에 땜을 한다. 또한 납땜 시 IC의 리드를 10초 이상 가열하지 말아야 한다.

〈납땜의 오류에 따른 조치사항 정리〉

상 태	원 인	대 책
• 납이 녹지 않음 • 팁이 검게 됨 • 땜 부분 윤기가 안 남	• 인두 팁이 더러움 • 인두를 너무 오래 가열	Paste로 인두 팁 세척 및 클리너로 불순물을 닦아냄.
• 한쪽만 납땜 됨 • 부품이 더러워짐 • 땜 부분 윤기가 안 남	인두에 납이나 불순물이 있는 상태에서 땜을 함	인두와 부품 등을 세척한 뒤, 올바른 방법으로 다시 납땜
납이 너무 많음	납을 오랫동안 접촉	납 제거기로 납 제거 후, 페이스트를 바르고, 전체를 녹였다가 인두를 제거
납이 너무 적음	납을 너무 짧게 접촉	페이스트를 발라 기판의 납을 전부 녹인 상태에서 납을 추가로 접촉하여 땜함

4 실험 준비물

1. 장비: 인두기, 인두 스탠드
2. 실납, 니퍼, 납 클리너, 솔더링 페이스트, 롱노우즈
3. 만능기판 1개
4. 탄소저항 2개

5 실험 방법

1. 만능 기판의 절반에 납의 양과 모양 등을 고려하며, 각 패드에 납땜을 한다.
2. 기판의 나머지 절반에 저항, 전선 등을 연결하고 납땜을 한다.

Project

02 스테레오 오디오 앰프 설계

1 실험 목표

만능기판에 LM386을 이용한 스테레오 오디오 앰프(Stereo Audio Amplifier)를 설계 제작하고 그 동작원리를 이해한다.

2 예비 리포트 작성

- LM 386 IC의 규격표를 숙지하고 회로의 동작 원리를 이해한다.
- 회로에서 음향 잡음에 영향을 미치는 요소를 예상하고, 설계시 고려해야 할 사항을 적어본다.
- 세미 로그(semi-log) 스케일의 Bode Plot으로 주파수 응답 특성을 그리는 방법을 이해하고 의미하는 바를 학습한다.

3 실험 준비물

1. 장비: 전원공급기, 디지털 멀티미터, 함수발생기, 오실로스코프
2. 납땜용품: 인두기, 인두기 스탠드, Soldering Paste, 니퍼, 실납

3. 회로부품: 오디오앰프 LM386 2개, 8핀 IC소켓 2개, 오디오 젝(PJ-307, Φ3.5) 2개, 스피커 U508B25G (>3W) 2개
4. 전원부품: 9V 건전지(FC-1), FC-1 스냅인 단자
5. 저항 1.2kΩ, 10Ω 각 2개, 가변저항 10kΩ (Multi-Turn) 2개
6. 캐패시터 220μF, 0.047μF, 10μF 각 2개
7. 만능기판 1개 (>80 × 80mm^2)
8. 모눈종이(또는 격자 용지)

4 실험 방법

(1) 오디오 앰프 조립

1. 회로도에 따라 부품의 배치와 배선을 모눈 종이에 설계한다. 기판과 동일한 조건에서 부품을 배열하고 배선을 점검한다. 부품간 간격을 고려하며, 배선이 가급적 중첩되지 않도록 배치한다.
2. 설계된 도면대로 만능기판에 부품을 실장하고 배치를 도면과 확인한다. (이때 IC는 IC 소켓을 삽입하여 납땜하고, IC는 소켓에 꽂아 쓰도록 한다.)
3. 부품을 납땜하여 고정하고, 부품 리드선을 잘라낸다.
4. 부품간 배선을 연결하고 납땜한다.
5. 디지털 멀티미터의 단락 테스트(또는 저항 측정)를 이용하여 결선 상태를 점검한다.
6. 입력 단자에 오디오 젝을, 출력 단자에 스피커를 각각 연결하며, 전원 단자에는 베터리 스냅 단자를 연결한다. (스테레오 오디오 젝의 3개 스텝 중, 전선에 가장 가까운 쪽이 공통 단자, 즉 접지(GND)이고, 그 다음이 오른쪽 스피커, 그 다음 맨 끝 쪽이 왼쪽 스피커 단자이다.)
7. 베터리 스냅 단자에 전원공급기 또는 베터리로 전원을 인가하고 각 단에 걸리는 전압을 디지털 멀티미터로 확인한여 전원 공급 상태를 점검한다.

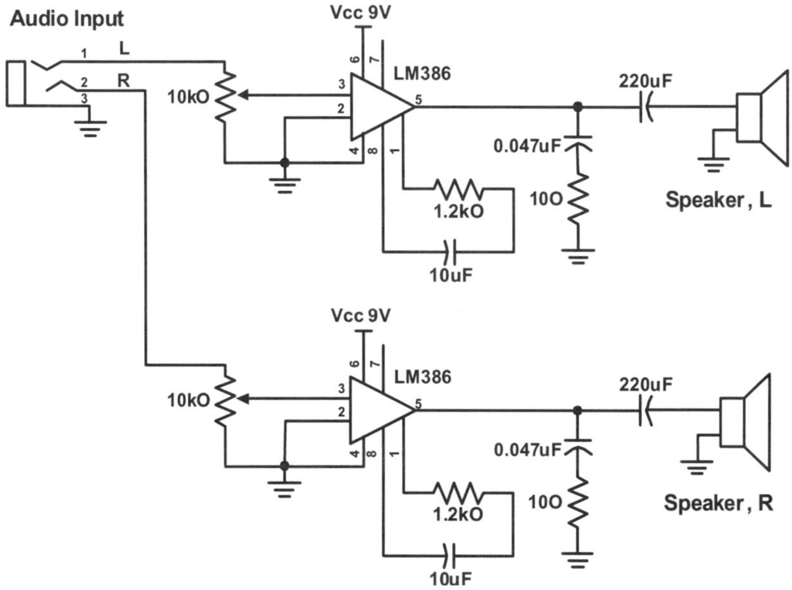

[그림 P2.1] 스테레오 오디오 앰프 회로도

(2) 오디오 앰프 측정

1. 입력 단자에 신호 발생기를 이용하여 1kHz, 50mV$_{pp}$의 사인파를 인가하고, 출력단에 오실로스코프를 이용하여 각 주파수별 출력 신호의 크기를 측정한다.
2. 10Hz에서 100kHz 범위에서 좌우 스피커 출력단 각각의 신호 크기를 측정하고, 전압 이득을 dB 스케일로 구하여 [표 P2.1]에 기록한다.
3. 측정된 좌, 우 스피커의 전압 이득으로 보드 선도(Bode Plot)를 [그림 P2.2]에 그린다. 그래프에 좌, 우 또는 1번, 2번 표기를 하여 구분한다.
4. 입력단 오디오 젝과 MP3 플레이어를 연결하여 음악이 왜곡 없이 잘 증폭되어 출력되는지 확인한다. 가변 저항을 변화하며 음량이 변화하는지 확인한다.

스피커단자연결

스테레오 출력을 위해 2개의 스피커를 연결한다. 스피커 후면의 두 개 단자는 극성이 없으므로 한 선은 신호선에 연결하고, 다른 하나는 접지에 연결해 주면 된다. 아래 그림에서 보는 것처럼 가운데 부분은 스피커의 코일을 연결한 부분이고 양쪽 끝이 입력 단자이므로 양끝 단자에 연결하면 된다.

5 실험 결과

[표 P2.1] 스테레오 오디오 앰프 주파수별 이득 측정

주파수	스피커	입력전압	출력전압	전압이득 (A_v)	전압이득 (dB)
10Hz	좌	50mV			
	우	50mV			
20Hz	좌	50mV			
	우	50mV			
100Hz	좌	50mV			
	우	50mV			
200Hz	좌	50mV			
	우	50mV			
1kHz	좌	50mV			
	우	50mV			
2kHz	좌	50mV			
	우	50mV			
10kHz	좌	50mV			
	우	50mV			
20kHz	좌	50mV			
	우	50mV			
100kHz	좌	50mV			
	우	50mV			

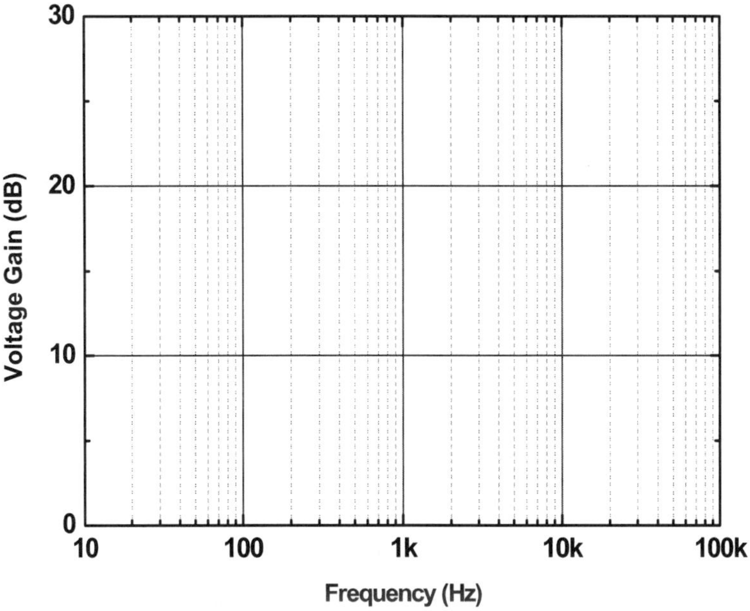

[그림 P2.2] 스테레오 오디오 앰프 보드 선도

6 실험 고찰 및 결과 리포트 작성

- 측정된 보드 선도를 해석하여 제작된 오디오 앰프의 성능에 대해 평가하시오.
- 제작된 오디오 앰프를 통해 재생한 음악을 들어보고, 측정에 의한 정량적 분석에 비추어 어떤 효과가 있었는지 논하시오.
- 증폭된 음악 소리에 잡음이 함께 들렸다면, 그 이유와 원인을 분석하시오.

Project

03

무선통신 수신기 시스템 설계

1 실험 목표

무선통신 시스템에 사용되는 OOK(On-Off Keying) 송수신 장치의 원리를 이해하고, 간단한 Non-Coherent 수신기를 설계하여 제작하여 OOK 변조신호의 복조 성능을 테스트한다.

2 예비 리포트 작성

- 통신이론 교재를 통해 AM 송수신기의 원리와 신호 파형의 변화를 주파수 축과 시간 축에서 각각 이해하여 파형을 도시한다.
- OOK 디지털 송수신의 원리를 학습한다.
- 다이오드를 사용하는 Non-Coherent 수신기에서의 대역폭의 개념을 이해한다.

3 실험 준비물

1. 장비: 디지털 멀티미터, RF 신호발생기(AM 또는 Pulse변조기능), 오실로스코프
2. 납땜용품: 인두기, 인두기 스탠드, Soldering Paste, 니퍼, 실납

3. 회로부품: 쇼트키 다이오드 1N5819, 저항 10kΩ (>1/2W), 캐패시터 0.1μF, 기판용 BNC 커넥터 1개
4. 만능기판 1개 (>80 × 80mm^2)
5. 모눈종이 (또는 격자 용지)

4 실험 방법

(1) 다이오드 디텍터 수신기 제작

1. [그림 P3.1]의 회로도를 따라 부품의 배치와 배선을 모눈종이에 설계한다. 기판과 동일한 조건에서 부품을 배열하고 배선을 점검한다. 부품간 간격을 고려하며, 배선이 가급적 중첩되지 않도록 배치한다.
2. 설계된 도면대로 만능기판에 부품을 실장하고 배치를 도면과 확인한다. RF 입력단은 기판형 BNC 커넥터 혹은 SMA 커넥터를 연결하고 접지를 회로와 충분한 면적으로 연결한다. 부품을 납땜하여 고정하고, 부품 리드선을 잘라낸다.
3. 부품간 배선을 연결하고 납땜한다.

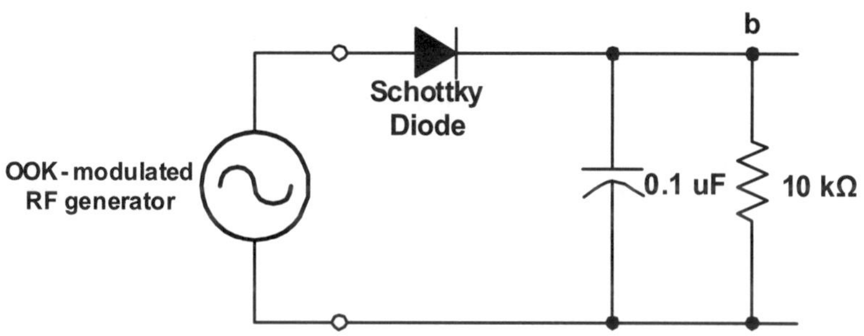

[그림 P3.1] 다이오드 디텍터를 이용한 통신 수신기 회로

(2) 송신기 변조신호 발생

1. RF 신호발생기 또는 변조 기능이 있는 함수발생기를 사용하여 펄스 변호 신호를 생성한다. 주어진 장비가 없을 경우 두 대의 함수 발생기와 믹서를 사용하여 신호를 발생시킨다.
2. 장비의 RF 반송파 주파수는 1MHz로 피변조 신호인 디지털 펄스의 주파수는 1 kHz로 설정한다. 펄스 변조가 없을 경우, 1kHz 사인파를 AM 변조하여 사용한다. 변조지수는 100%를 사용한다.
3. 오실로스코프를 사용하여 변조된 반송파 신호를 관찰하고 외각(Envelope) 파형과 반송파의 주파수를 확인하여 [그림 P3.2]에 도시한다.

(3) 수신기 복조회로 실험

1. 생성된 변조신호를 제작된 수신기 입력에 연결한다. 이때 송신기의 RF 출력 전력은 -10 dBm 이상을 유지한다.
2. 출력단의 오실로스코프를 이용하여 출력 신호를 관찰하여 [그림 P3.3]에 도시한다.

5 실험 결과

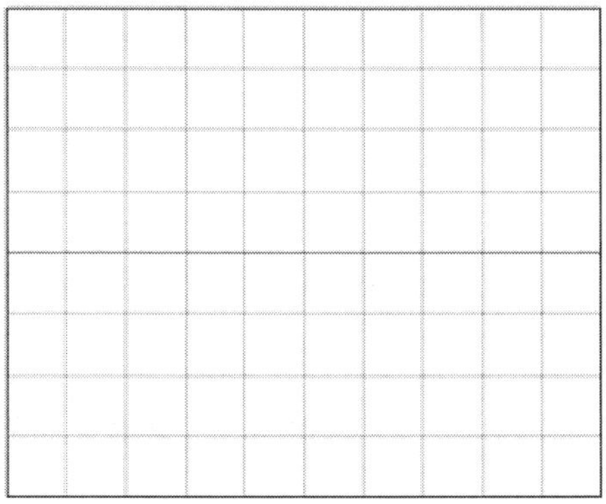

[그림 P3.2] 송신기 변조신호 파형

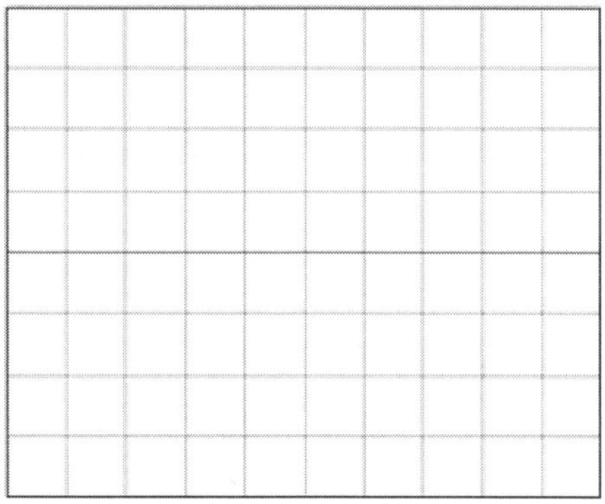

[그림 P3.3] 수신기 복조신호 파형

6 실험 고찰 및 결과 리포트 작성

- 측정된 수신기 동작 결과와 실험 중 발생한 오류에 대해 논하시오.
- 출력단 필터링이 잘 이루어지지 않을 경우 어떠한 문제가 발생하는가에 대해 기술하시오.
- 상기 실험에서 생략된 시스템 회로와 무선 전송 부분을 어떻게 구성해야 하는가에 대한 고려사항을 기술하시오.

참고문헌

1. Thomas L. Floyd, Electronic Devices - Electron Flow Version, 9th edition, Prentice Hall, 2011.
2. Adel S. Sedra and Kenneth C. Smith, Microelectronic Circuits, 5th edition, Oxford University Press, 2007.
3. Alvert Malvino and David J. Bates, Electronic Principles, 7th edition, McGraw Hill, 2006.
4. David M. Pozar, microwave Engineering, 3rd edition, John Wiley & Sons, 2005.
5. 김동식, 이순흠, 최관순 공저, 응용실험 I, 홍릉과학출판사, 2002.
6. 김동식, 이순흠, 최관순 공저, 응용실험 II, 홍릉과학출판사, 2002.
7. 이강윤 저, 전자회로실험 - 기초부터 심화까지, 한빛미디어, 2010.
8. 조준익 역, 전자회로 실험 - 이론 및 실습, McGraw-Hill Korea, 2010.
9. 손태호, 한상민 공저, 초고주파 회로 설계 및 실습, 순천향대학교 출판부, 2012.
10. http://www.datasheetcatalog.com/
11. http://www.alldatasheet.com/

부품 규격서

- 1N4148 Diode
- DF005G thru DF10G
- 1N5231 Zenor Diode
- 2N3904 npn BJT
- 2N5458 n-channel JFET
- 2N5462 p-channel JFET
- 2N7008 E-MOSFET
- LM741 OP Amplifier
- LM386 Audio Amplifier
- U508B25G Speaker
- 1N5819 Schottky Diode

1N4148.1N4448

Vishay Telefunken

Silicon Epitaxial Planar Diodes

Features

- Electrically equivalent diodes: 1N4148 – 1N914
  1N4448 – 1N914B

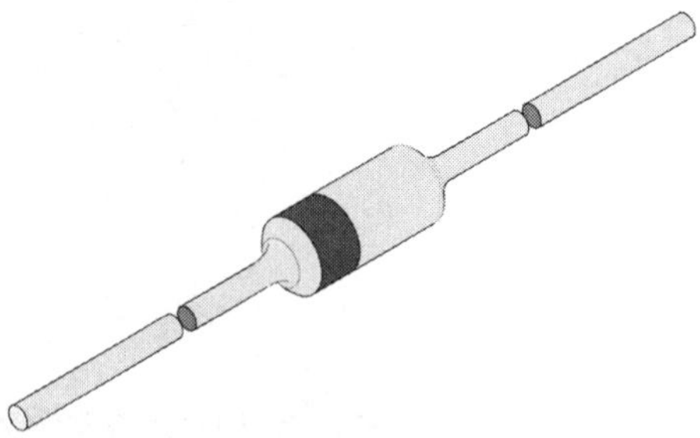

94 9367

Applications

Extreme fast switches

Absolute Maximum Ratings

T_j = 25°C

Parameter	Test Conditions	Type	Symbol	Value	Unit
Repetitive peak reverse voltage			V_{RRM}	100	V
Reverse voltage			V_R	75	V
Peak forward surge current	t_p=1µs		I_{FSM}	2	A
Repetitive peak forward current			I_{FRM}	500	mA
Forward current			I_F	300	mA
Average forward current	V_R=0		I_{FAV}	150	mA
Power dissipation	l=4mm, T_L=45°C		P_V	440	mW
	l=4mm, $T_L \leqq$25°C		P_V	500	mW
Junction temperature			T_j	200	°C
Storage temperature range			T_{stg}	–65...+200	°C

Maximum Thermal Resistance

T_j = 25°C

Parameter	Test Conditions	Symbol	Value	Unit
Junction ambient	l=4mm, T_L=constant	R_{thJA}	350	K/W

1N4148.1N4448

Vishay Telefunken

Electrical Characteristics

T_j = 25°C

Parameter	Test Conditions	Type	Symbol	Min	Typ	Max	Unit
Forward voltage	I_F=5mA	1N4448	V_F	0.62		0.72	V
	I_F=10mA	1N4148	V_F			1	V
	I_F=100mA	1N4448	V_F			1	V
Reverse current	V_R=20 V		I_R			25	nA
	V_R=20 V, T_j=150 °C		I_R			50	μA
	V_R=75 V		I_R			5	μA
Breakdown voltage	I_R=100μA, t_p/T=0.01, t_p=0.3ms		$V_{(BR)}$	100			V
Diode capacitance	V_R=0, f=1MHz, V_{HF}=50mV		C_D			4	pF
Rectification efficiency	V_{HF}=2V, f=100MHz		η_r	45			%
Reverse recovery time	I_F=I_R=10mA, i_R=1mA		t_{rr}			8	ns
	I_F=10mA, V_R=6V, i_R=0.1xI_R, R_L=100Ω		t_{rr}			4	ns

Characteristics (T$_j$ = 25°C unless otherwise specified)

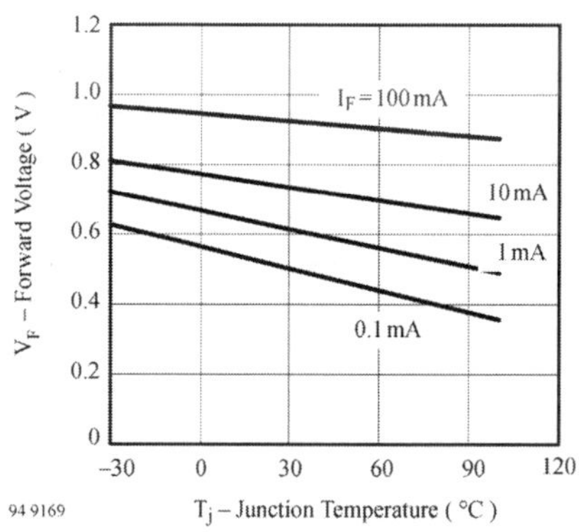

Figure 1. Forward Voltage vs. Junction Temperature

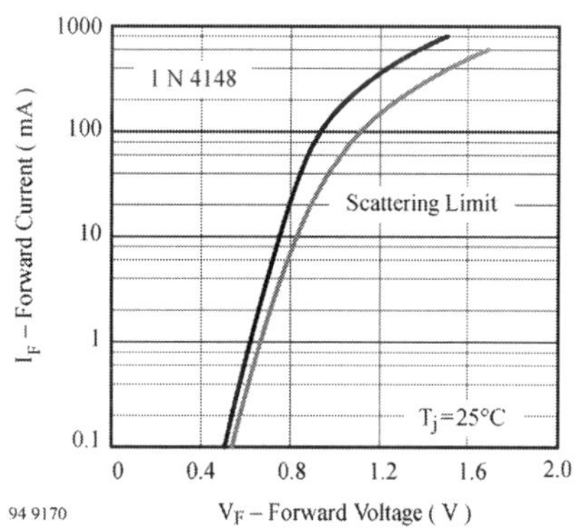

Figure 2. Forward Current vs. Forward Voltage

1N4148.1N4448

Vishay Telefunken

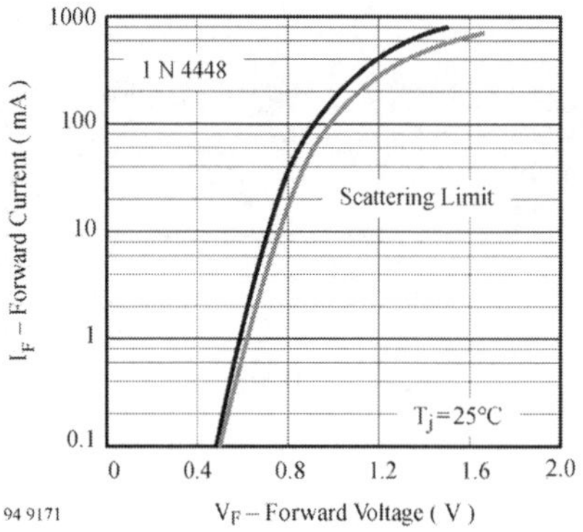

Figure 3. Forward Current vs. Forward Voltage

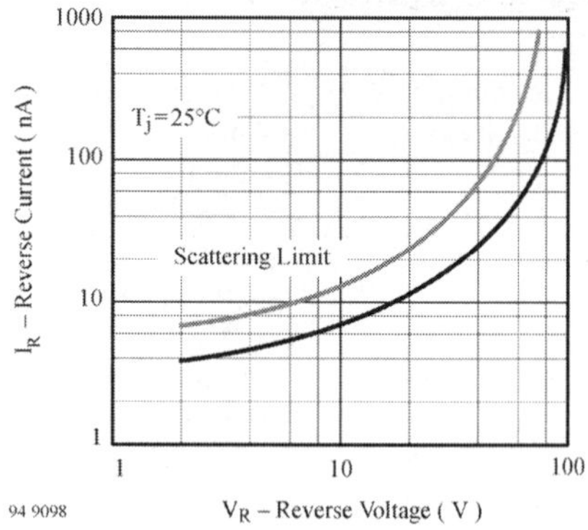

Figure 4. Reverse Current vs. Reverse Voltage

Dimensions in mm

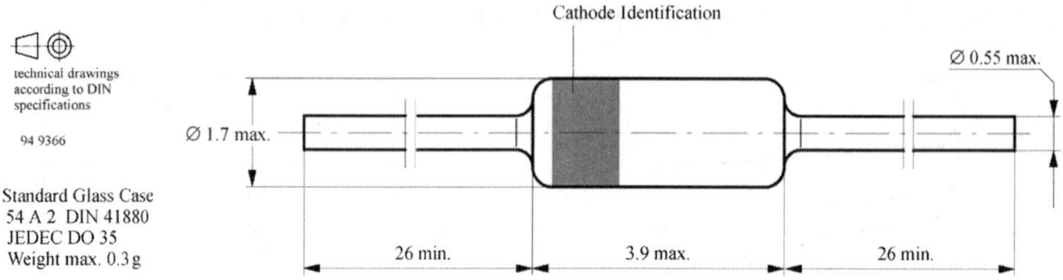

Standard Glass Case
54 A 2 DIN 41880
JEDEC DO 35
Weight max. 0.3 g

1N4148.1N4448

Vishay Telefunken

Ozone Depleting Substances Policy Statement

It is the policy of **Vishay Semiconductor GmbH** to

1. Meet all present and future national and international statutory requirements.

2. Regularly and continuously improve the performance of our products, processes, distribution and operating systems
with respect to their impact on the health and safety of our employees and the public, as well as their impact on the environment.

It is particular concern to control or eliminate releases of those substances into the atmosphere which are known as ozone depleting substances (ODSs).

The Montreal Protocol (1987) and its London Amendments (1990) intend to severely restrict the use of ODSs and forbid their use within the next ten years. Various national and international initiatives are pressing for an earlier ban on these substances.

Vishay Semiconductor GmbH has been able to use its policy of continuous improvements to eliminate the use of ODSs listed in the following documents.

1. Annex A, B and list of transitional substances of the Montreal Protocol and the London Amendments respectively

2. Class I and II ozone depleting substances in the Clean Air Act Amendments of 1990 by the Environmental Protection Agency (EPA) in the USA

3. Council Decision 88/540/EEC and 91/690/EEC Annex A, B and C (transitional substances) respectively.

Vishay Semiconductor GmbH can certify that our semiconductors are not manufactured with ozone depleting substances and do not contain such substances.

Vishay Semiconductor GmbH, P.O.B. 3535, D-74025 Heilbronn, Germany
Telephone: 49 (0)7131 67 2831, Fax number: 49 (0)7131 67 2423

KI SEMICONDUCTOR DF005G thru DF10G

GLASS PASSIVATED BRIDGE RECTIFIERS
REVERSE VOLTAGE - **50** to **1000**Volts
FORWARD CURRENT - **1.0**Amperes

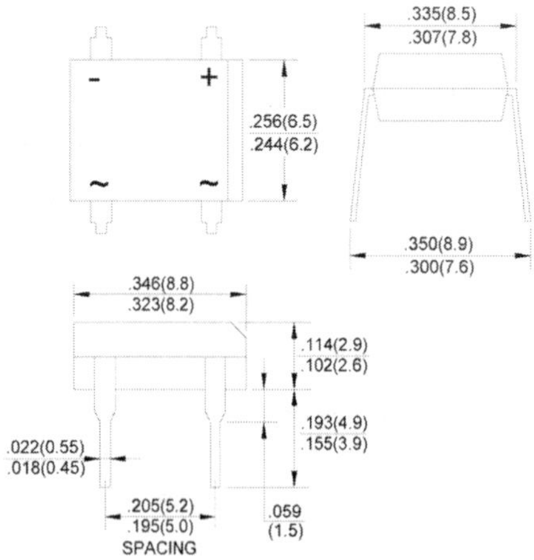

Dimensions in inches and (millimeters)
Pakage:DB

FEATURES

- Rating to 1000V PRV
- Ideal for printed circuit board
- Low forward voltage drop,high current capability
- Reliable low cost construction utilizing molded plastic technique results in inexpensive product
- Lead tin Pb/Sn copper
- The plastic material has UL flammability classification 94V-0

MECHANICAL DATA

- Polarit: As marked on Body
- Weight:0.02 ounces,0.38 grams
- Mounting position: Any

MAXIMUM RATINGS AND ELECTRICAL CHARACTERISTICS

Rating at 25℃ ambient temperature unless otherwise specified.
Single phase, half wave ,60Hz, resistive or inductive load.
For capacitive load, derate current by 20%

CHARACTERISTICS	SYMBOL	DF005G	DF01G	DF02G	DF04G	DF06G	DF08G	DF10G	UNIT
Maximum Recurrent Peak Reverse Voltage	V_{RRM}	50	100	200	400	600	800	1000	V
Maximum RMS Voltage	V_{RMS}	35	70	140	280	420	560	700	V
Maximum DC Blocking Voltage	V_{DC}	50	100	200	400	600	800	1000	V
Maximum Average Forward Rectified Current @T_A=40℃	$I_{(AV)}$	1.0							A
Peak Forward Surage Current 8.3ms Single Half Sine-Wave Super Imposed on Rated Load (JEDEC Method)	I_{FSM}	50							A
Maximum Forward Voltage at 1.0A DC	V_F	1.1							V
Maximum DC Reverse Current @T_J=25℃ at Rated DC Bolcking Voltage @T_J=125℃	I_R	10 500							uA
I^2 t Rating for Fusing(t<8.3ms)	I^2t	10.4							A^2s
Typical Junction Capacitance Per Element(Note1)	C_J	25							pF
Typical Thermal Resistance (Note2)	$R_{θJC}$	40							℃/W
Operating Temperature Range	T_J	-55 to +150							℃
Storage Temperature Range	T_{STG}	-55 to +150							℃

Note:1.Measured at 1.0MHz and applied reverse voltage of 4.0V DC
2.Thermal resistance from junction to ambient mounted on P.C.B with 0.5*0.5"(13*13mm)copper pads.

KI SEMICONDUCTOR DF005G thru DF10G

SURFACE MOUNT GLASS PASSIVATED BRIDGE RECTIFIERS
RATING AND CHARACTERTIC CURVES

FIG.1-FORWARD CURRENT DERATING CURVE

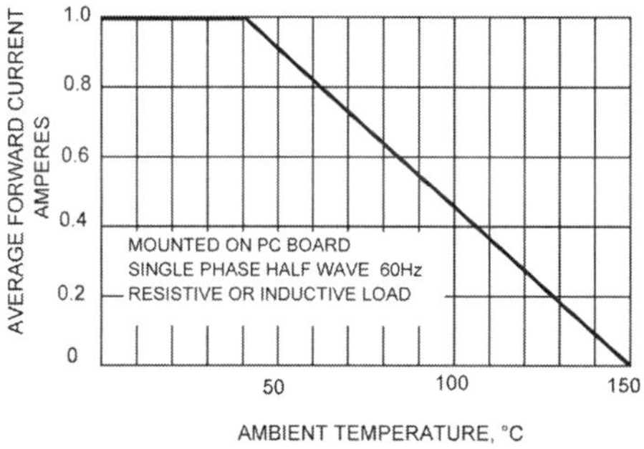

FIG.2-MXIMUM NON-REPETITIVE SURGE CURRENT

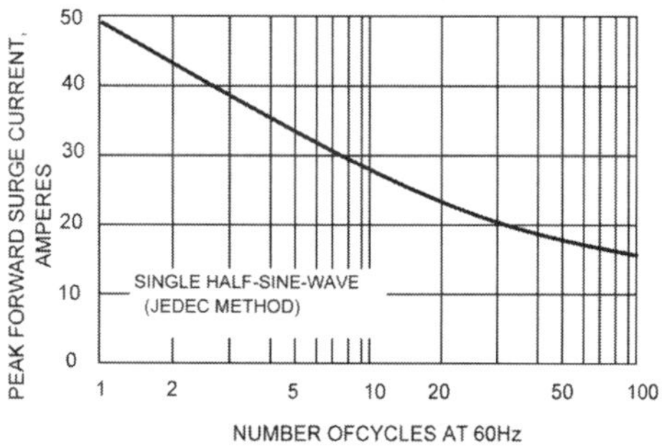

FIG.3-TYPICAL JUNCTION CAPACITANCE

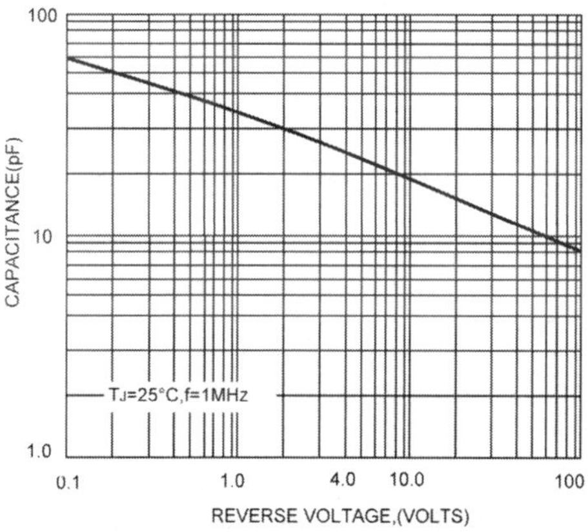

FIG.4-TYPICAL FORWARD CHARACTERISTICS

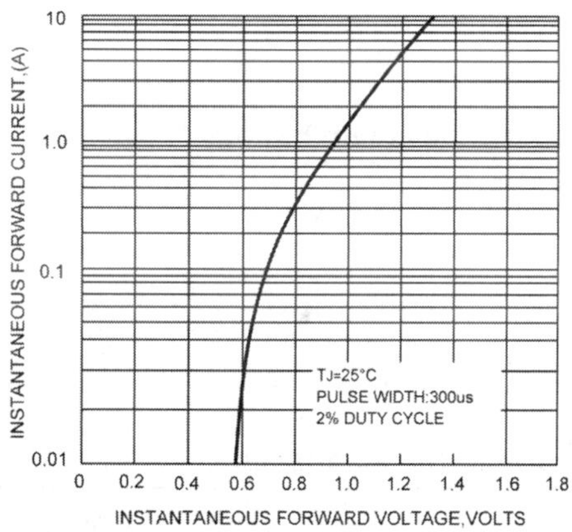

FIG.5-TYPICAL REVERSE CHARACTERISTICS

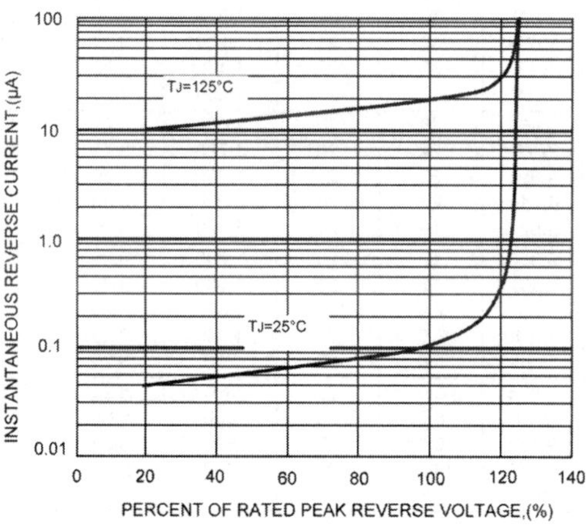

FAIRCHILD
SEMICONDUCTOR®

June 2007

1N5221B - 1N5263B
Zener Diodes

Tolerance = 5%

DO-35 Glass case
COLOR BAND DENOTES CATHODE

Absolute Maximum Ratings * T_A = 25°C unless otherwise noted

Symbol	Parameter	Value	Units
P_D	Power Dissipation Derate above 50°C	500 4.0	mW mW/°C
T_{STG}	Storage Temperature Range	-65 to +200	°C
T_J	Maximum Junction Operating Temperature	+200	°C
	Lead Temperature (1/16" from case for 10 seconds)	+230	°C

* These ratings are limiting values above which the serviceability of the diode may be impaired.
** Non-recurrent square wave PW = 8.3ms, Ta = 50 degrees C.

Electrical Characteristics T_A=25°C unless otherwise noted

Device	V_Z (V) @ I_Z (Note 1)			Z_Z (Ω) @ I_Z (mA)		Z_{ZK} (Ω) @ I_{ZK} (mA)		I_R (μA) @ V_R (V)		T_C (%/°C)
	Min.	Typ.	Max.							
1N5221B	2.28	2.4	2.52	30	20	1,200	0.25	100	1.0	-0.085
1N5222B	2.375	2.5	2.625	30	20	1,250	0.25	100	1.0	-0.085
1N5223B	2.565	2.7	2.835	30	20	1,300	0.25	75	1.0	-0.080
1N5224B	2.66	2.8	2.94	30	20	1,400	0.25	75	1.0	-0.080
1N5225B	2.85	3	3.15	29	20	1,600	0.25	50	1.0	-0.075
1N5226B	3.135	3.3	3.465	28	20	1,600	0.25	25	1.0	-0.07
1N5227B	3.42	3.6	3.78	24	20	1,700	0.25	15	1.0	-0.065
1N5228B	3.705	3.9	4.095	23	20	1,900	0.25	10	1.0	-0.06
1N5229B	4.085	4.3	4.515	22	20	2,000	0.25	5.0	1.0	+/-0.055
1N5230B	4.465	4.7	4.935	19	20	1,900	0.25	2.0	1.0	+/-0.03
1N5231B	4.845	5.1	5.355	17	20	1,600	0.25	5.0	2.0	+/-0.03
1N5232B	5.32	5.6	5.88	11	20	1,600	0.25	5.0	3.0	0.038
1N5233B	5.7	6	6.3	7.0	20	1,600	0.25	5.0	3.5	0.038
1N5234B	5.89	6.2	6.51	7.0	20	1,000	0.25	5.0	4.0	0.045
1N5235B	6.46	6.8	7.14	5.0	20	750	0.25	3.0	5.0	0.05
1N5236B	7.125	7.5	7.875	6.0	20	500	0.25	3.0	6.0	0.058
1N5237B	7.79	8.2	8.61	8.0	20	500	0.25	3.0	6.5	0.062
1N5238B	8.265	8.7	9.135	8.0	20	600	0.25	3.0	6.5	0.065
1N5239B	8.645	9.1	9.555	10	20	600	0.25	3.0	7.0	0.068
1N5240B	9.5	10	10.5	17	20	600	0.25	3.0	8.0	0.075

Device	V_Z (V) @ I_Z (Note 1)			Z_Z (Ω) @ I_Z (mA)		Z_{ZK} (Ω) @ I_{ZK} (mA)		I_R (μA) @ V_R (V)		T_C (%/°C)
	Min.	Typ.	Max.							
1N5241B	10.45	11	11.55	22	20	600	0.25	2.0	8.4	0.076
1N5242B	11.4	12	12.6	30	20	600	0.25	0.1	9.1	0.077
1N5243B	12.35	13	13.65	13	9.5	600	0.25	0.1	9.9	0.079
1N5244B	13.3	14	14.7	15	9.0	600	0.25	0.1	10	0.080
1N5245B	14.25	15	15.75	16	8.5	600	0.25	0.1	11	0.082
1N5246B	15.2	16	16.8	17	7.8	600	0.25	0.1	12	0.083
1N5247B	16.15	17	17.85	19	7.4	600	0.25	0.1	13	0.084
1N5248B	17.1	18	18.9	21	7.0	600	0.25	0.1	14	0.085
1N5247B	18.05	19	19.95	23	6.6	600	0.25	0.1	14	0.085
1N5250B	19	20	21	25	6.2	600	0.25	0.1	15	0.086
1N5251B	20.9	22	23.1	29	5.6	600	0.25	0.1	17	0.087
1N5252B	22.8	24	25.2	33	5.2	600	0.25	0.1	18	0.088
1N5253B	23.75	25	26.25	35	5.0	600	0.25	0.1	19	0.088
1N5254B	25.65	27	28.35	41	4.6	600	0.25	0.1	21	0.089
1N5255B	26.6	28	29.4	44	4.5	600	0.25	0.1	21	0.090
1N5256B	28.5	30	31.5	49	4.2	600	0.25	0.1	23	0.09
1N5257B	31.35	33	34.65	58	3.8	700	0.25	0.1	25	0.092
1N5258B	34.2	36	37.8	70	3.4	700	0.25	0.1	27	0.093
1N5259B	37.05	39	40.95	80	3.2	800	0.25	0.1	30	0.094
1N5260B	40.85	43	45.15	93	3.0	900	0.25	0.1	33	0.095
1N5261B	44.65	47	49.35	105	2.7	1000	0.25	0.1	36	0.095
1N5262B	48.45	51	53.55	125	2.5	1100	0.25	0.1	39	0.096
1N5263B	53.2	56	58.8	150	2.2	1300	0.25	0.1	43	0.096
V_F Forward Voltage = 1.2V Max. @ I_F = 200mA										

Notes:

1.Zener Voltage (V_Z)
The zener voltage is measured with the device junction in the thermal equilibrium at the lead temperature (T_L) at 30°C ± 1°C and 3/8" lead length

Top Mark Information

Device	Line 1	Line 2	Line 3
1N5221B	LOGO	22	1B
1N5222B	LOGO	22	2B
1N5223B	LOGO	22	3B
1N5224B	LOGO	22	4B
1N5225B	LOGO	22	5B
1N5226B	LOGO	22	6B
1N5227B	LOGO	22	7B
1N5228B	LOGO	22	8B
1N5229B	LOGO	22	9B
1N5230B	LOGO	23	0B
1N5231B	LOGO	23	1B
1N5232B	LOGO	23	2B
1N5233B	LOGO	23	3B
1N5234B	LOGO	23	4B
1N5235B	LOGO	23	5B
1N5236B	LOGO	23	6B
1N5237B	LOGO	23	7B
1N5238B	LOGO	23	8B
1N5239B	LOGO	23	9B
1N5240B	LOGO	24	0B
1N5241B	LOGO	24	1B
1N5242B	LOGO	24	2B
1N5243B	LOGO	24	3B
1N5244B	LOGO	24	4B
1N5245B	LOGO	24	5B

1N5246B 1N5247B 1N5248B 1N5247B 1N5250B	LOGO LOGO LOGO LOGO LOGO	24 24 24 24 25	6B 7B 8B 9B 0B
1N5251B 1N5252B 1N5253B 1N5254B 1N5255B	LOGO LOGO LOGO LOGO LOGO	25 25 25 25 25	1B 2B 3B 4B 5B
1N5256B 1N5257B 1N5258B 1N5259B 1N5260B	LOGO LOGO LOGO LOGO LOGO	25 25 25 25 26	6B 7B 8B 9B 0B
1N5261B 1N5262B 1N5263B	LOGO LOGO LOGO	26 26 26	1B 2B 3B

Top Mark Information (Continued)

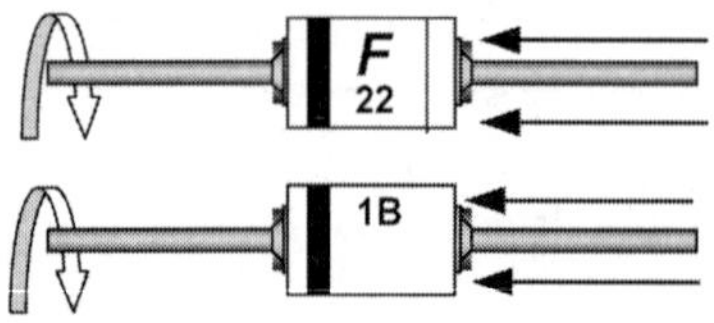

1st line: F - Fairchild Logo

2nd line: Device Name - 4th to 5th characters of the device name.
or 5th to 6th characters for BZXyy series

3rd line: Device Name - 6th to 7th characters of the device name.
or Voltage rating for BZXyy series

General Requirements:

1.0 Cathode Band

2.0 First Line: F - Fairchild Logo

3.0 Second Line: Device name - For 1Nxx series: 4th to 5th characters of the device name.
For BZxx series: 5th to 6th characters of the device name.

4.0 Third Line: Device name - For 1Nxx series: 6th to 7th characters of the device name.
For BZXyy series: Voltage rating

5.0 Devices shall be marked as required in the device specification (PID or FSC Test Spec).

6.0 Maximum no. of marking lines: 3

7.0 Maximum no. of digits per line: 2

8.0 FSC logo must be 20 % taller than the alphanumeric marking and should occupy the 2 characters of the specified line.

9.0 Marking Font: Arial (Except FSC Logo)

10.0 First character of each marking line must be aligned vertically.

11.0 All device markings must be based on Fairchild device specification.

FAIRCHILD
SEMICONDUCTOR®

TRADEMARKS

The following are registered and unregistered trademarks Fairchild Semiconductor owns or is authorized to use and is not intended to be an exhaustive list of all such trademarks.

ACEx™
Across the board. Around the world.™
ActiveArray™
Bottomless™
Build it Now™
CoolFET™
CROSSVOLT™
CTL™
Current Transfer Logic™
DOME™
E^2CMOS™
EcoSPARK®
EnSigna™
FACT Quiet Series™
FACT®
FAST®
FASTr™
FPS™
FRFET™
GlobalOptoisolator™
GTO™
HiSeC™
i-Lo™
ImpliedDisconnect™
IntelliMAX™
ISOPLANAR™
MICROCOUPLER™
MicroPak™
MICROWIRE™
MSX™
MSXPro™
OCX™
OCXPro™
OPTOLOGIC®
OPTOPLANAR™®
PACMAN™
POP™
Power220®
Power247®
PowerEdge™
PowerSaver™
PowerTrench®
Programmable Active Droop™
QFET®
QS™
QT Optoelectronics™
Quiet Series™
RapidConfigure™
RapidConnect™
ScalarPump™
SMART START™
SPM™
SuperFET™
SuperSOT™-3
SuperSOT™-6
SuperSOT™-8
TCM™
The Power Franchise®
TinyBoost™
TinyBuck™
TinyLogic®
TINYOPTO™
TinyPower™
TinyWire™
TruTranslation™
μSerDes™
UHC®
UniFET™
VCX™
Wire™

DISCLAIMER

FAIRCHILD SEMICONDUCTOR RESERVES THE RIGHT TO MAKE CHANGES WITHOUT FURTHER NOTICE TO ANY PRODUCTS HEREIN TO IMPROVE RELIABILITY, FUNCTION OR DESIGN. FAIRCHILD DOES NOT ASSUME ANY LIABILITY ARISING OUT OF THE APPLICATION OR USE OF ANY PRODUCT OR CIRCUIT DESCRIBED HEREIN;NEITHER DOES IT CONVEY ANY LICENSE UNDER ITS PATENT RIGHTS, NOR THE RIGHTS OF OTHERS. THESE SPECIFICATIONS DO NOT EXPAND THE TERMS OF FAIRCHILD'S WORLDWIDE TERMS AND CONDITIONS, SPECIFICALLY THE WARRANTY THEREIN, WHICH COVERS THESE PRODUCTS.

LIFE SUPPORT POLICY

FAIRCHILD'S PRODUCTS ARE NOT AUTHORIZED FOR USE AS CRITICAL COMPONENTS IN LIFE SUPPORT DEVICES OR SYSTEMS WITHOUT THE EXPRESS WRITTEN APPROVAL OF FAIRCHILD SEMICONDUCTOR CORPORATION.

As used herein:

1. Life support devices or systems are devices or systems which, (a) are intended for surgical implant into the body, or (b) support or sustain life, or (c) whose failure to perform when properly used in accordance with instructions for use provided in the labeling, can be reasonably expected to result in significant injury to the user.

2. A critical component is any component of a life support device or system whose failure to perform can be reasonably expected to cause the failure of the life support device or system, or to affect its safety or effectiveness.

PRODUCT STATUS DEFINITIONS

Definition of Terms

Datasheet Identification	Product Status	Definition
Advance Information	Formative or In Design	This datasheet contains the design specifications for product development. Specifications may change in any manner without notice.
Preliminary	First Production	This datasheet contains preliminary data, and supplementary data will be published at a later date.Fairchild Semiconductor reserves the right to make changes at any time without notice in order to improve design.
No Identification Needed	Full Production	This datasheet contains final specifications. Fairchild Semiconductor reserves the right to make changes at any time without notice in order to improve design.
Obsolete	Not In Production	This datasheet contains specifications on a product that has been discontinued by Fairchild semiconductor.The datasheet is printed for reference information only.

Rev. I23

FAIRCHILD SEMICONDUCTOR™

2N3904 MMBT3904 PZT3904

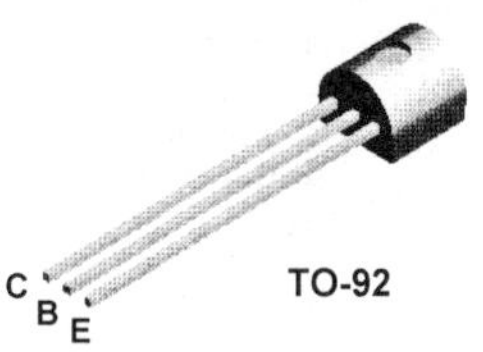

TO-92

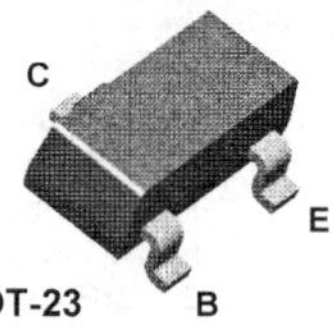

SOT-23
Mark: 1A

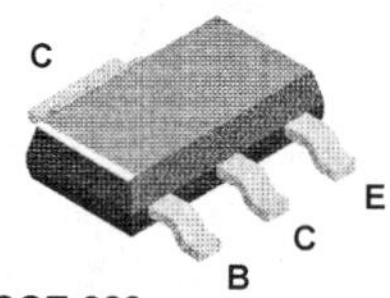

SOT-223

NPN General Purpose Amplifier

This device is designed as a general purpose amplifier and switch. The useful dynamic range extends to 100 mA as a switch and to 100 MHz as an amplifier.

Absolute Maximum Ratings* T_A = 25°C unless otherwise noted

Symbol	Parameter	Value	Units
V_{CEO}	Collector-Emitter Voltage	40	V
V_{CBO}	Collector-Base Voltage	60	V
V_{EBO}	Emitter-Base Voltage	6.0	V
I_C	Collector Current - Continuous	200	mA
T_J, T_{stg}	Operating and Storage Junction Temperature Range	-55 to +150	°C

*These ratings are limiting values above which the serviceability of any semiconductor device may be impaired.

NOTES:
1) These ratings are based on a maximum junction temperature of 150 degrees C.
2) These are steady state limits. The factory should be consulted on applications involving pulsed or low duty cycle operations.

Thermal Characteristics T_A = 25°C unless otherwise noted

Symbol	Characteristic	Max			Units
		2N3904	*MMBT3904	**PZT3904	
P_D	Total Device Dissipation Derate above 25°C	625 5.0	350 2.8	1,000 8.0	mW mW/°C
$R_{\theta JC}$	Thermal Resistance, Junction to Case	83.3			°C/W
$R_{\theta JA}$	Thermal Resistance, Junction to Ambient	200	357	125	°C/W

*Device mounted on FR-4 PCB 1.6" X 1.6" X 0.06."

**Device mounted on FR-4 PCB 36 mm X 18 mm X 1.5 mm; mounting pad for the collector lead min. 6 cm^2.

NPN General Purpose Amplifier
(continued)

Electrical Characteristics
T_A = 25°C unless otherwise noted

Symbol	Parameter	Test Conditions	Min	Max	Units
OFF CHARACTERISTICS					
$V_{(BR)CEO}$	Collector-Emitter Breakdown Voltage	I_C = 1.0 mA, I_B = 0	40		V
$V_{(BR)CBO}$	Collector-Base Breakdown Voltage	I_C = 10 μA, I_E = 0	60		V
$V_{(BR)EBO}$	Emitter-Base Breakdown Voltage	I_E = 10 μA, I_C = 0	6.0		V
I_{BL}	Base Cutoff Current	V_{CE} = 30 V, V_{EB} = 3V		50	nA
I_{CEX}	Collector Cutoff Current	V_{CE} = 30 V, V_{EB} = 3V		50	nA
ON CHARACTERISTICS*					
h_{FE}	DC Current Gain	I_C = 0.1 mA, V_{CE} = 1.0 V I_C = 1.0 mA, V_{CE} = 1.0 V I_C = 10 mA, V_{CE} = 1.0 V I_C = 50 mA, V_{CE} = 1.0 V I_C = 100 mA, V_{CE} = 1.0 V	40 70 100 60 30	 300 	
$V_{CE(sat)}$	Collector-Emitter Saturation Voltage	I_C = 10 mA, I_B = 1.0 mA I_C = 50 mA, I_B = 5.0 mA		0.2 0.3	V V
$V_{BE(sat)}$	Base-Emitter Saturation Voltage	I_C = 10 mA, I_B = 1.0 mA I_C = 50 mA, I_B = 5.0 mA	0.65	0.85 0.95	V V
SMALL SIGNAL CHARACTERISTICS					
f_T	Current Gain - Bandwidth Product	I_C = 10 mA, V_{CE} = 20 V, f = 100 MHz	300		MHz
C_{obo}	Output Capacitance	V_{CB} = 5.0 V, I_E = 0, f = 1.0 MHz		4.0	pF
C_{ibo}	Input Capacitance	V_{EB} = 0.5 V, I_C = 0, f = 1.0 MHz		8.0	pF
NF	Noise Figure	I_C = 100 μA, V_{CE} = 5.0 V, R_S =1.0kΩ,f=10 Hz to 15.7kHz		5.0	dB
SWITCHING CHARACTERISTICS					
t_d	Delay Time	V_{CC} = 3.0 V, V_{BE} = 0.5 V,		35	ns
t_r	Rise Time	I_C = 10 mA, I_{B1} = 1.0 mA		35	ns
t_s	Storage Time	V_{CC} = 3.0 V, I_C = 10mA		200	ns
t_f	Fall Time	I_{B1} = I_{B2} = 1.0 mA		50	ns

*Pulse Test: Pulse Width ≤ 300 μs, Duty Cycle ≤ 2.0%

Spice Model

NPN (Is=6.734f Xti=3 Eg=1.11 Vaf=74.03 Bf=416.4 Ne=1.259 Ise=6.734 Ikf=66.78m Xtb=1.5 Br=.7371 Nc=2 Isc=0 Ikr=0 Rc=1 Cjc=3.638p Mjc=.3085 Vjc=.75 Fc=.5 Cje=4.493p Mje=.2593 Vje=.75 Tr=239.5n Tf=301.2p Itf=.4 Vtf=4 Xtf=2 Rb=10)

NPN General Purpose Amplifier
(continued)

Typical Characteristics

Typical Pulsed Current Gain vs Collector Current

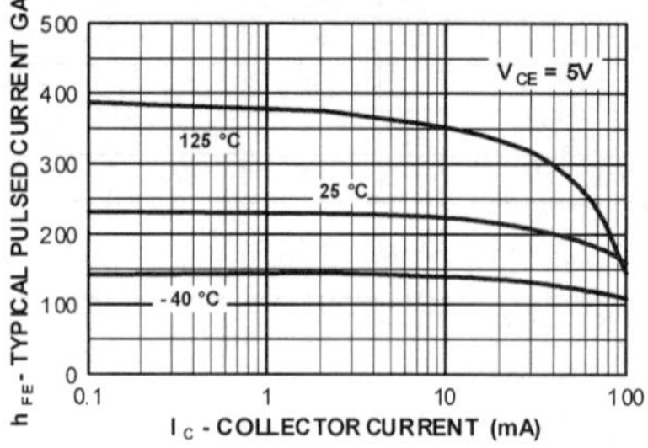

Collector-Emitter Saturation Voltage vs Collector Current

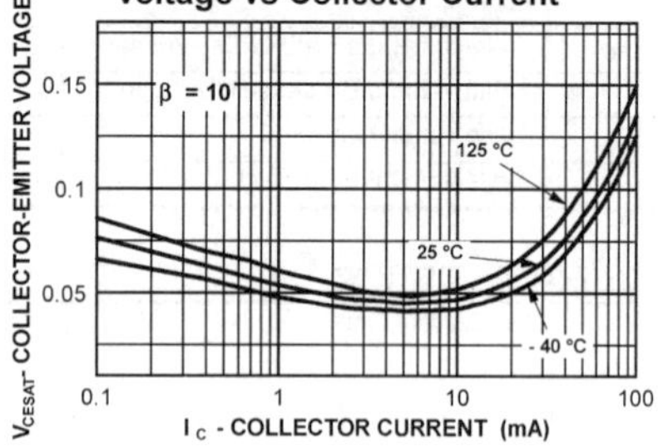

Base-Emitter Saturation Voltage vs Collector Current

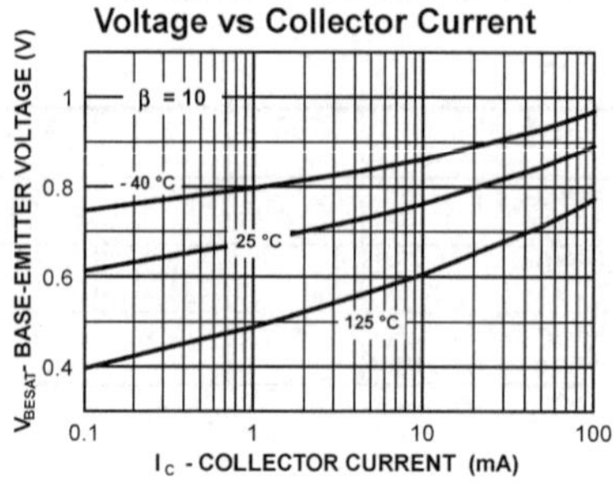

Base-Emitter ON Voltage vs Collector Current

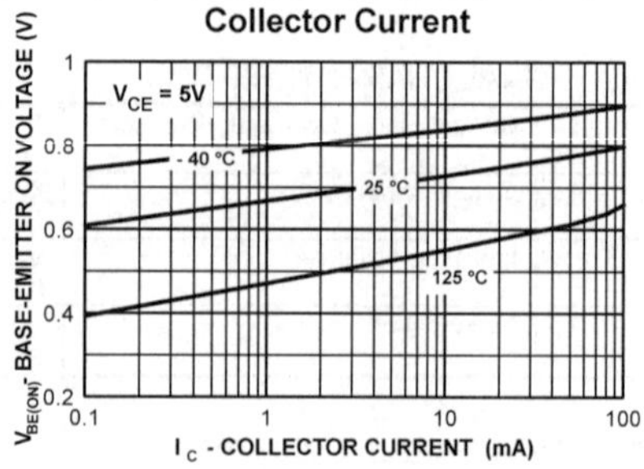

Collector-Cutoff Current vs Ambient Temperature

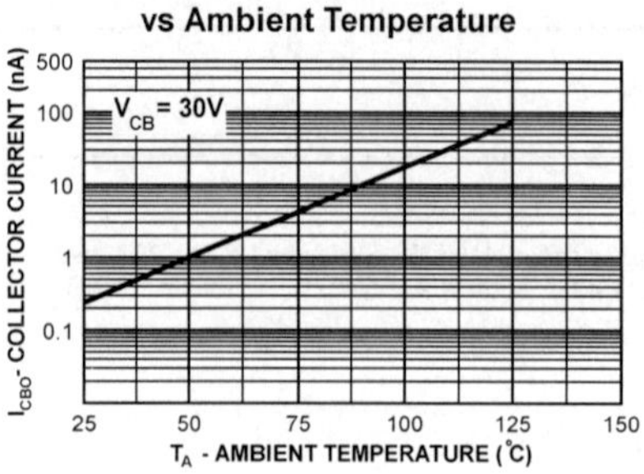

Capacitance vs Reverse Bias Voltage

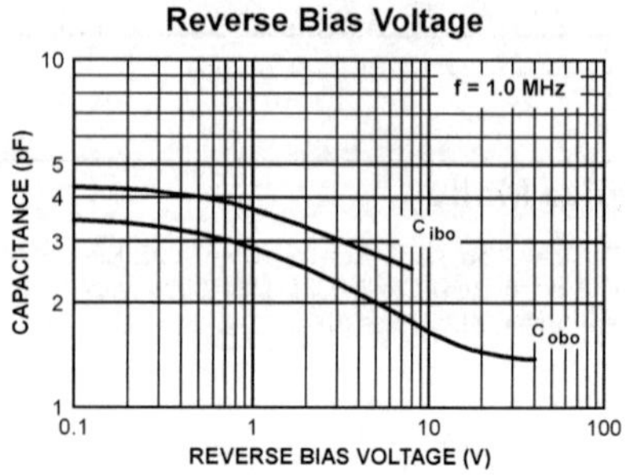

NPN General Purpose Amplifier
(continued)

Typical Characteristics (continued)

Noise Figure vs Frequency

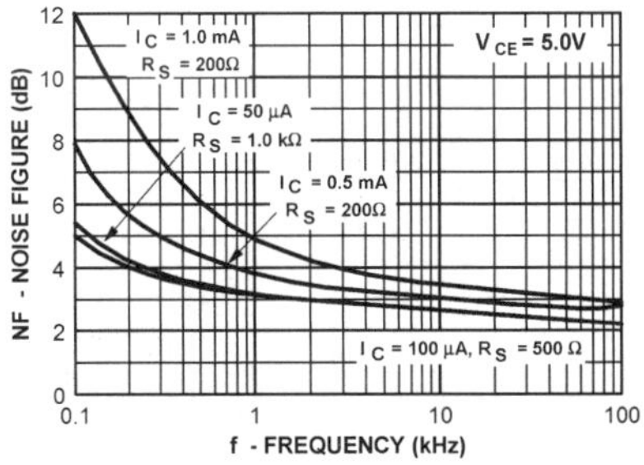

Noise Figure vs Source Resistance

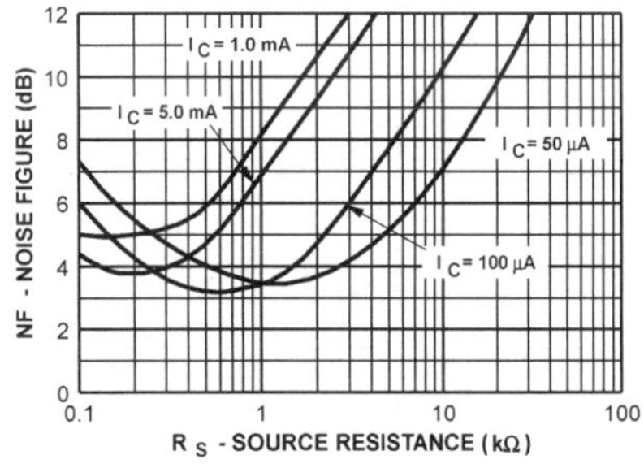

Current Gain and Phase Angle vs Frequency

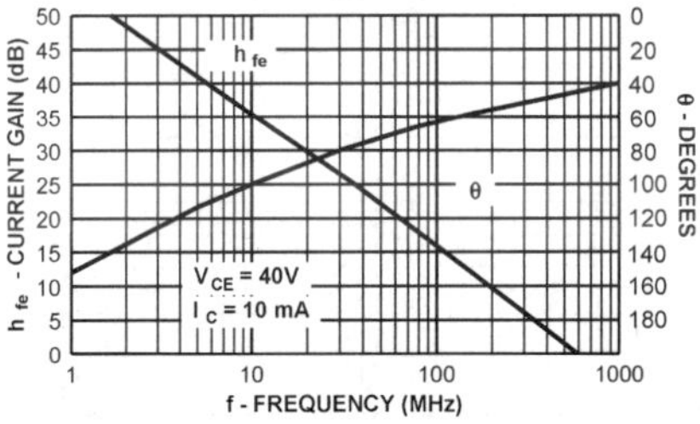

Power Dissipation vs Ambient Temperature

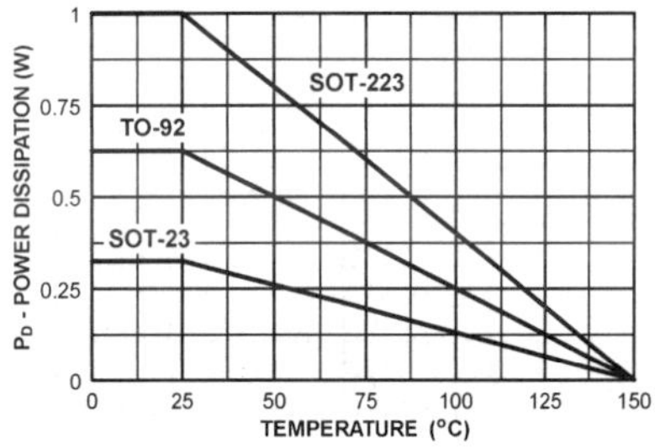

Turn-On Time vs Collector Current

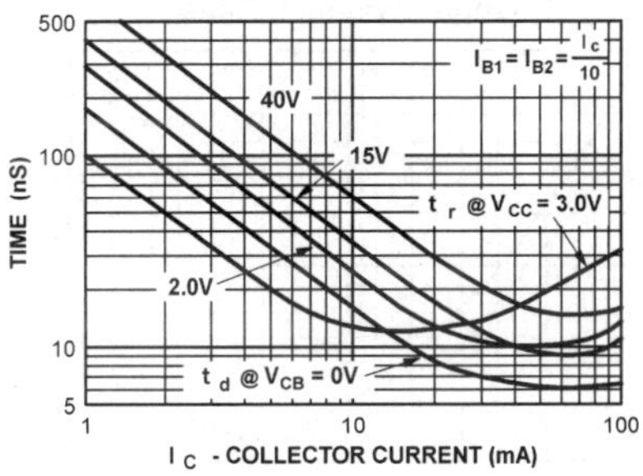

Rise Time vs Collector Current

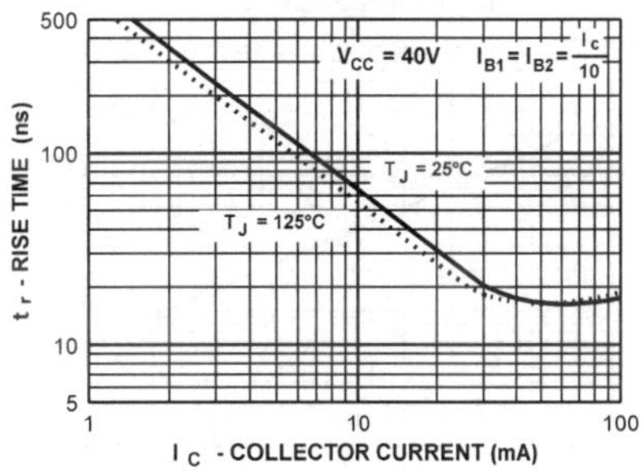

2N3904 / MMBT3904 / PZT3904

NPN General Purpose Amplifier
(continued)

Typical Characteristics (continued)

Storage Time vs Collector Current

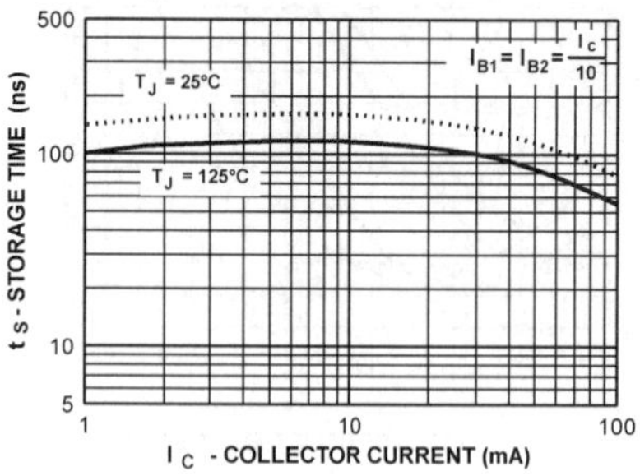

Fall Time vs Collector Current

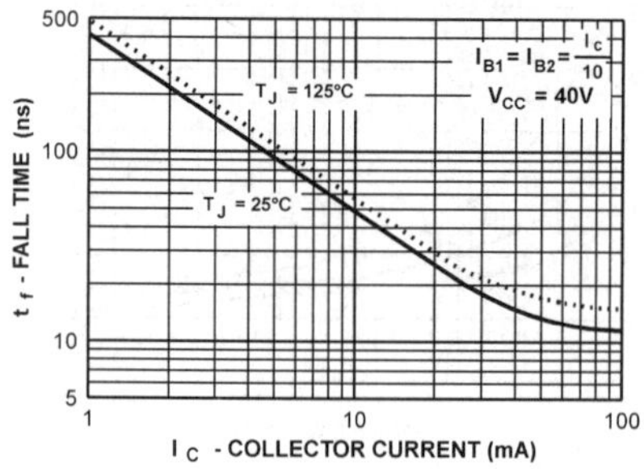

Current Gain

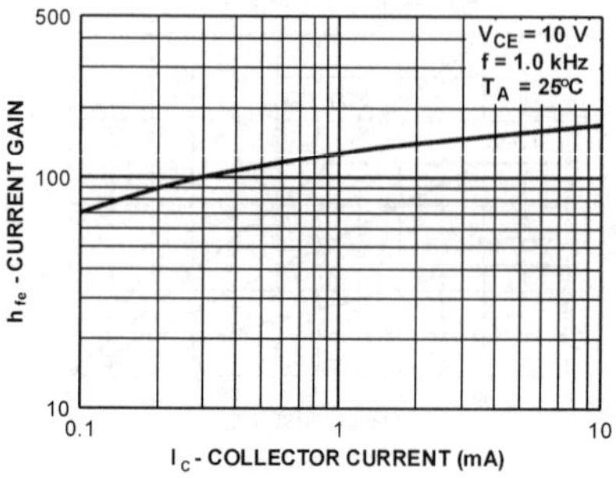

Output Admittance

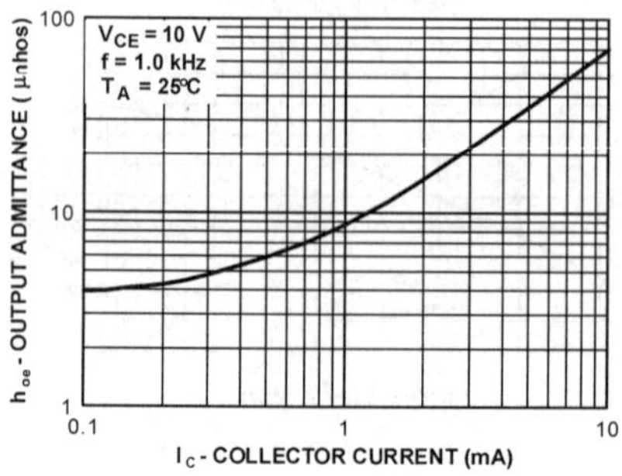

Input Impedance

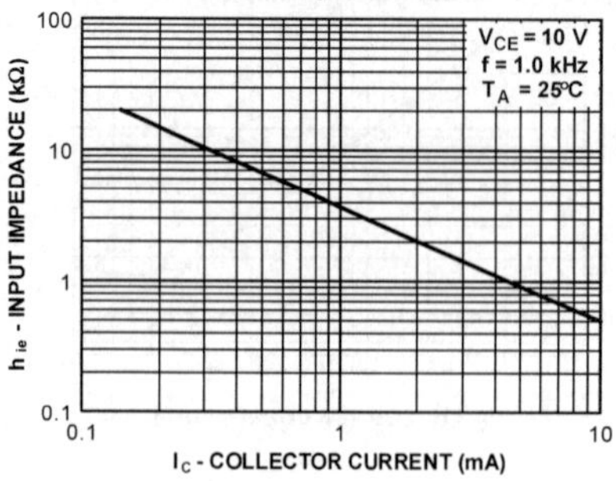

Voltage Feedback Ratio

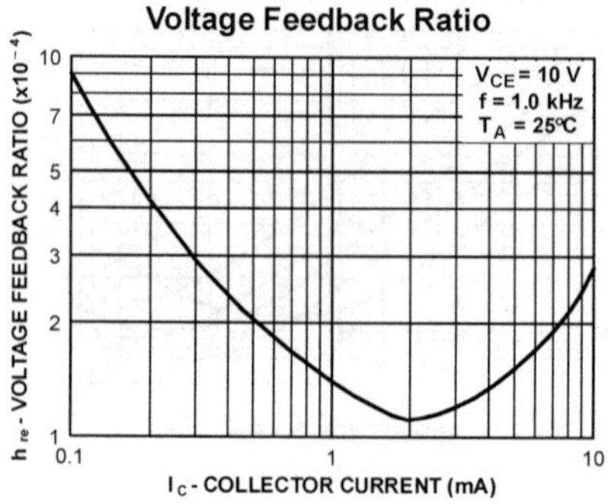

NPN General Purpose Amplifier
(continued)

Test Circuits

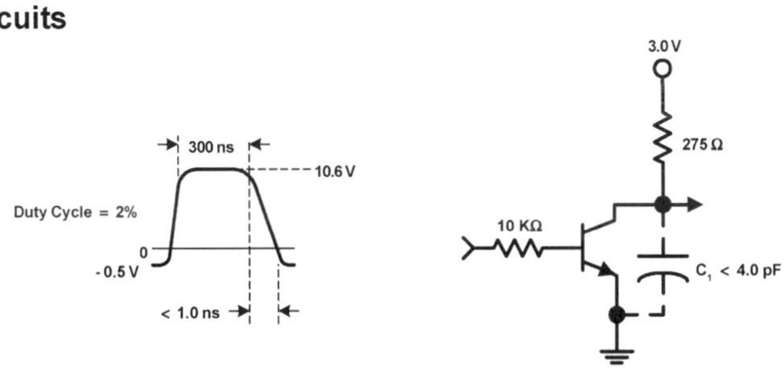

FIGURE 1: Delay and Rise Time Equivalent Test Circuit

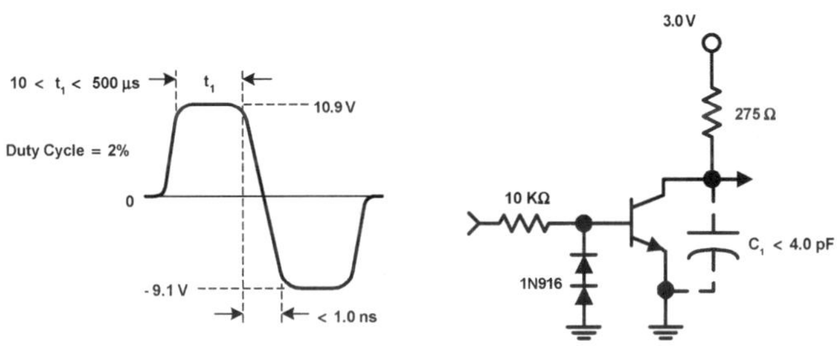

FIGURE 2: Storage and Fall Time Equivalent Test Circuit

TRADEMARKS

The following are registered and unregistered trademarks Fairchild Semiconductor owns or is authorized to use and is not intended to be an exhaustive list of all such trademarks.

ACEx™	FASTr™	PowerTrench®	SyncFET™
Bottomless™	GlobalOptoisolator™	QFET™	TinyLogic™
CoolFET™	GTO™	QS™	UHC™
CROSSVOLT™	HiSeC™	QT Optoelectronics™	VCX™
DOME™	ISOPLANAR™	Quiet Series™	
E^2CMOS™	MICROWIRE™	SILENT SWITCHER®	
EnSigna™	OPTOLOGIC™	SMART START™	
FACT™	OPTOPLANAR™	SuperSOT™-3	
FACT Quiet Series™	PACMAN™	SuperSOT™-6	
FAST®	POP™	SuperSOT™-8	

DISCLAIMER

FAIRCHILD SEMICONDUCTOR RESERVES THE RIGHT TO MAKE CHANGES WITHOUT FURTHER NOTICE TO ANY PRODUCTS HEREIN TO IMPROVE RELIABILITY, FUNCTION OR DESIGN. FAIRCHILD DOES NOT ASSUME ANY LIABILITY ARISING OUT OF THE APPLICATION OR USE OF ANY PRODUCT OR CIRCUIT DESCRIBED HEREIN; NEITHER DOES IT CONVEY ANY LICENSE UNDER ITS PATENT RIGHTS, NOR THE RIGHTS OF OTHERS.

LIFE SUPPORT POLICY

FAIRCHILD'S PRODUCTS ARE NOT AUTHORIZED FOR USE AS CRITICAL COMPONENTS IN LIFE SUPPORT DEVICES OR SYSTEMS WITHOUT THE EXPRESS WRITTEN APPROVAL OF FAIRCHILD SEMICONDUCTOR CORPORATION. As used herein:

1. Life support devices or systems are devices or systems which, (a) are intended for surgical implant into the body, or (b) support or sustain life, or (c) whose failure to perform when properly used in accordance with instructions for use provided in the labeling, can be reasonably expected to result in significant injury to the user.

2. A critical component is any component of a life support device or system whose failure to perform can be reasonably expected to cause the failure of the life support device or system, or to affect its safety or effectiveness.

PRODUCT STATUS DEFINITIONS

Definition of Terms

Datasheet Identification	Product Status	Definition
Advance Information	Formative or In Design	This datasheet contains the design specifications for product development. Specifications may change in any manner without notice.
Preliminary	First Production	This datasheet contains preliminary data, and supplementary data will be published at a later date. Fairchild Semiconductor reserves the right to make changes at any time without notice in order to improve design.
No Identification Needed	Full Production	This datasheet contains final specifications. Fairchild Semiconductor reserves the right to make changes at any time without notice in order to improve design.
Obsolete	Not In Production	This datasheet contains specifications on a product that has been discontinued by Fairchild semiconductor. The datasheet is printed for reference information only.

Rev. G

FAIRCHILD
SEMICONDUCTOR™

Discrete POWER & Signal Technologies

2N5457 2N5458 2N5459

MMBF5457 MMBF5458 MMBF5459

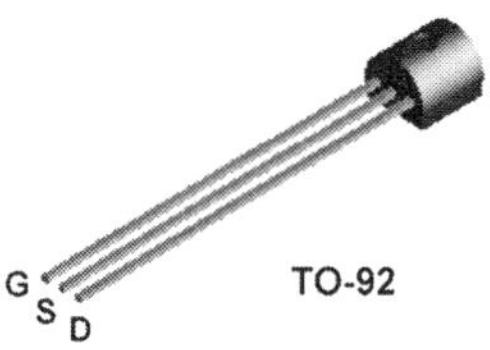

TO-92

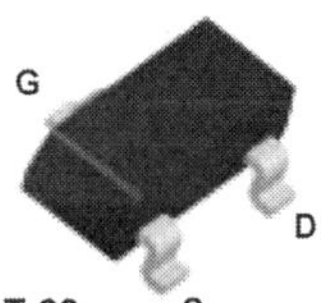

SOT-23
Mark: 6D / 61S / 6L

N-Channel General Purpose Amplifier

This device is a low level audio amplifier and switching transistors, and can be used for analog switching applications. Sourced from Process 55.

Absolute Maximum Ratings*

TA = 25°C unless otherwise noted

Symbol	Parameter	Value	Units
V_{DG}	Drain-Gate Voltage	25	V
V_{GS}	Gate-Source Voltage	- 25	V
I_{GF}	Forward Gate Current	10	mA
T_J, T_{stg}	Operating and Storage Junction Temperature Range	-55 to +150	°C

*These ratings are limiting values above which the serviceability of any semiconductor device may be impaired.

NOTES:
1) These ratings are based on a maximum junction temperature of 150 degrees C.
2) These are steady state limits. The factory should be consulted on applications involving pulsed or low duty cycle operations.

Thermal Characteristics

TA = 25°C unless otherwise noted

Symbol	Characteristic	Max		Units
		2N5457	*MMBF5457	
P_D	Total Device Dissipation Derate above 25°C	625 5.0	350 2.8	mW mW/°C
$R_{\theta JC}$	Thermal Resistance, Junction to Case	83.3		°C/W
$R_{\theta JA}$	Thermal Resistance, Junction to Ambient	200	357	°C/W

*Device mounted on FR-4 PCB 1.6" X 1.6" X 0.06."

2N5457 / 2N5458 / 2N5459 / MMBF5457 / MMBF5458 / MMBF5459

N-Channel General Purpose Amplifier
(continued)

Electrical Characteristics
TA = 25°C unless otherwise noted

Symbol	Parameter	Test Conditions	Min	Typ	Max	Units
OFF CHARACTERISTICS						
$V_{(BR)GSS}$	Gate-Source Breakdown Voltage	I_G = 10 μA, V_{DS} = 0	- 25			V
I_{GSS}	Gate Reverse Current	V_{GS} = -15 V, V_{DS} = 0 V_{GS} = -15 V, V_{DS} = 0, T_A = 100°C			- 1.0 - 200	nA nA
$V_{GS(off)}$	Gate-Source Cutoff Voltage	V_{DS} = 15 V, I_D = 10 nA **2N5457** **2N5458** **2N5459**	- 0.5 - 1.0 - 2.0		- 6.0 - 7.0 - 8.0	V V V
V_{GS}	Gate-Source Voltage	V_{DS} = 15 V, I_D = 100 μA **2N5457** V_{DS} = 15 V, I_D = 200 μA **2N5458** V_{DS} = 15 V, I_D = 400 μA **2N5459**		- 2.5 - 3.5 - 4.5		V V V
ON CHARACTERISTICS						
I_{DSS}	Zero-Gate Voltage Drain Current*	V_{DS} = 15 V, V_{GS} = 0 **2N5457** **2N5458** **2N5459**	1.0 2.0 4.0	3.0 6.0 9.0	5.0 9.0 16	mA mA mA
SMALL SIGNAL CHARACTERISTICS						
g_{fs}	Forward Transfer Conductance*	V_{DS} = 15 V, V_{GS} = 0, f = 1.0 kHz **2N5457** **2N5458** **2N5459**	 1000 1500 2000		 5000 5500 6000	 μmhos μmhos μmhos
g_{os}	Output Conductance*	V_{DS} = 15 V, V_{GS} = 0, f = 1.0 kHz		10	50	μmhos
C_{iss}	Input Capacitance	V_{DS} = 15 V, V_{GS} = 0, f = 1.0 MHz		4.5	7.0	pF
C_{rss}	Reverse Transfer Capacitance	V_{DS} = 15 V, V_{GS} = 0, f = 1.0 MHz		1.5	3.0	pF
NF	Noise Figure	V_{DS} = 15 V, V_{GS} = 0, f = 1.0 kHz, R_G = 1.0 megohm, BW = 1.0 Hz			3.0	dB

*Pulse Test: Pulse Width £ 300 ms, Duty Cycle £ 2%

Typical Characteristics

Transfer Characteristics

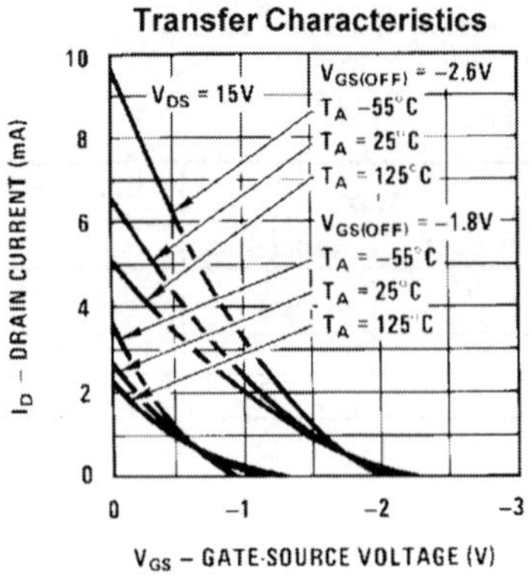

Transfer Characteristics

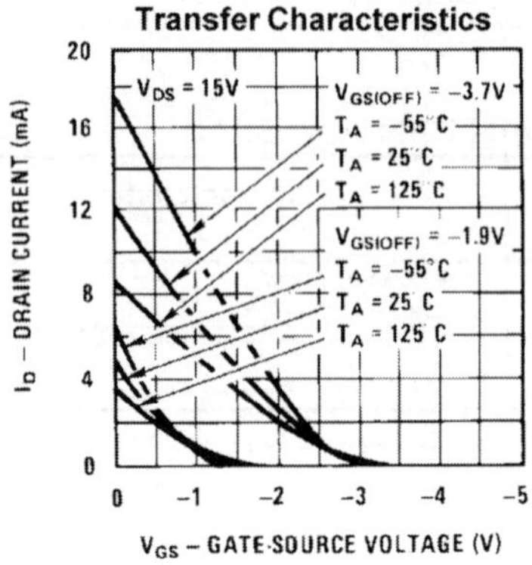

N-Channel General Purpose Amplifier
(continued)

Typical Characteristics (continued)

Transfer Characteristics

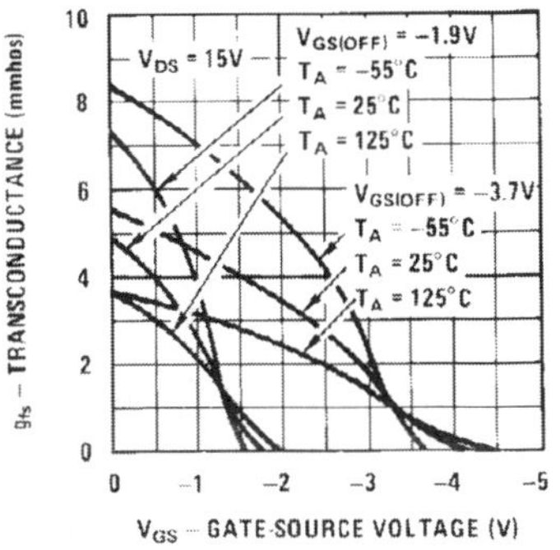

Transfer Characteristics

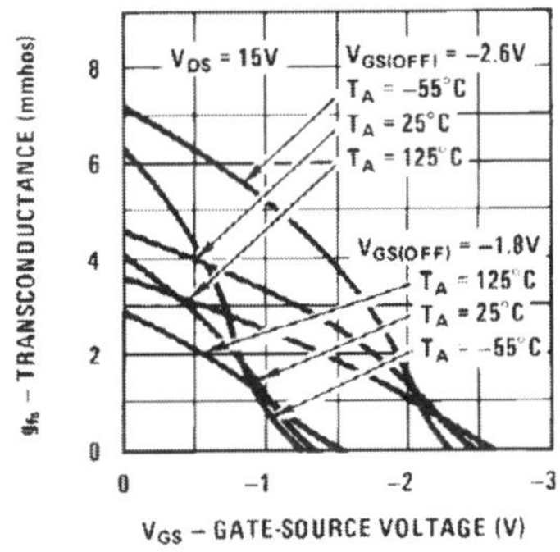

Common Drain-Source

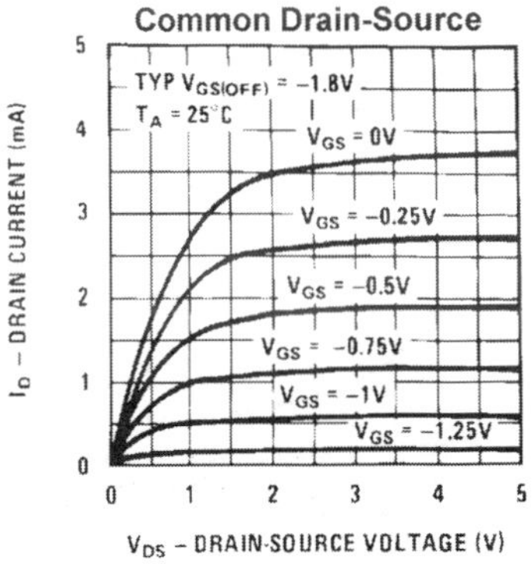

Parameter Interaction

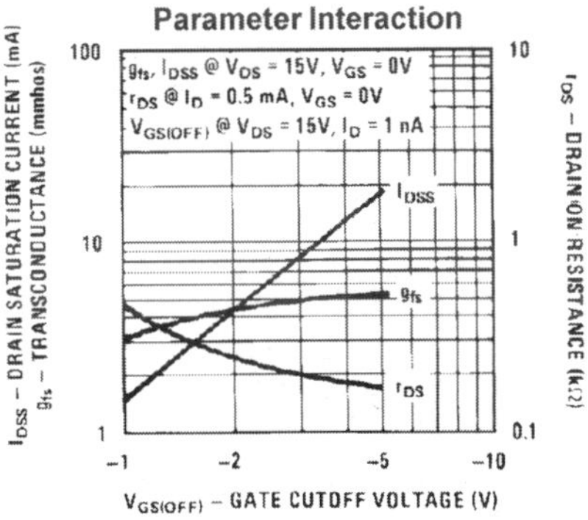

Output Conductance vs. Drain Current

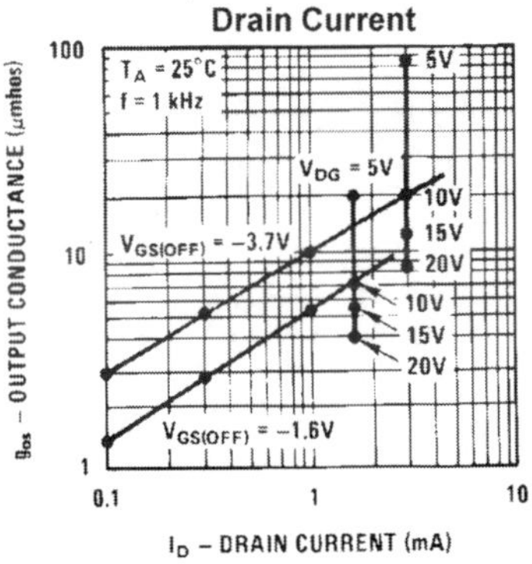

Transconductance vs. Drain Current

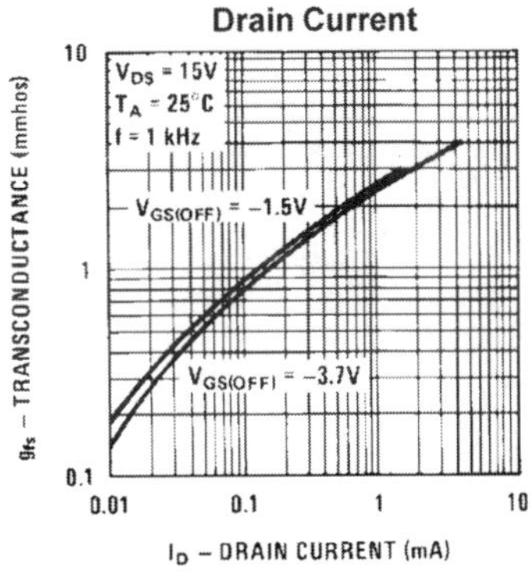

N-Channel General Purpose Amplifier

(continued)

Typical Characteristics (continued)

Channel Resistance vs. Temperature

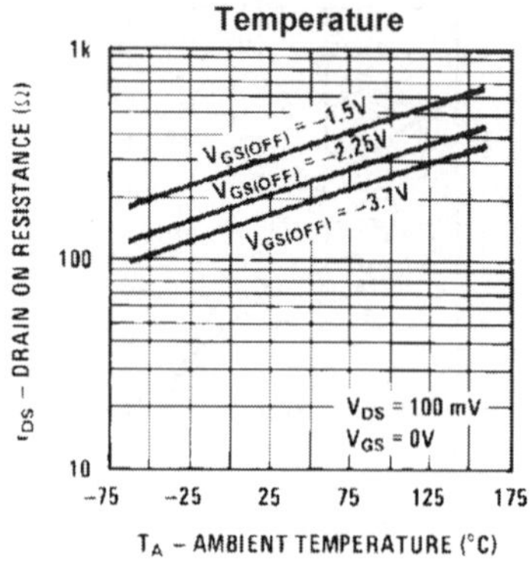

Noise Voltage vs. Frequency

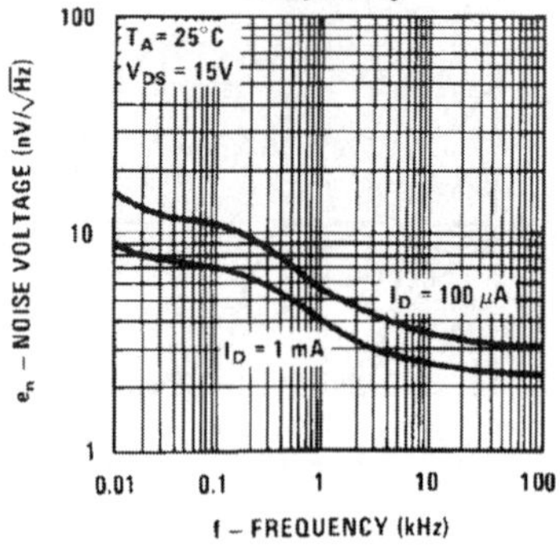

Leakage Current vs. Voltage

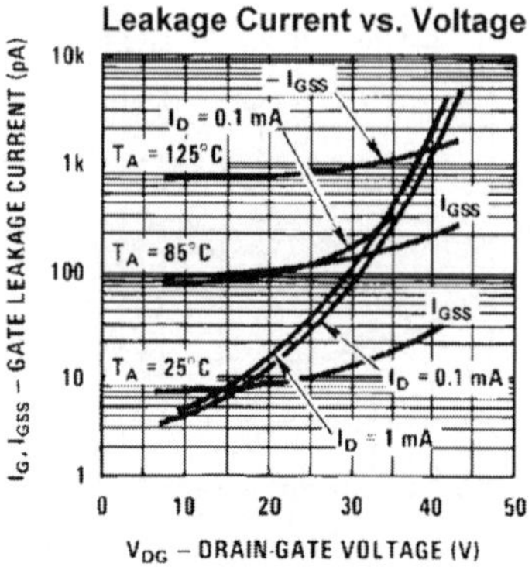

Capacitance vs. Voltage

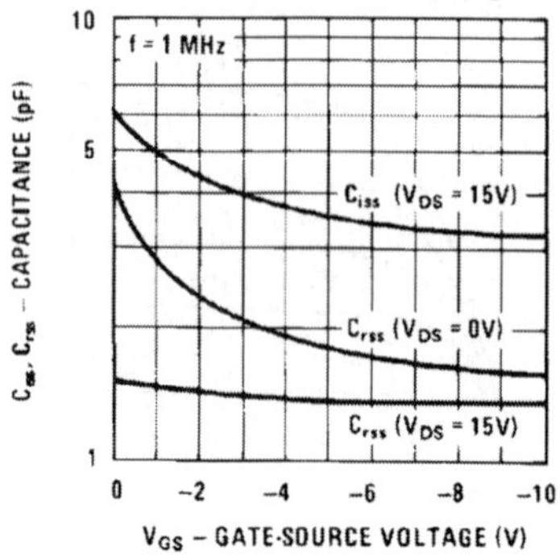

FAIRCHILD
SEMICONDUCTOR®

2N5460 2N5461 2N5462 MMBF5460 MMBF5461 MMBF5462

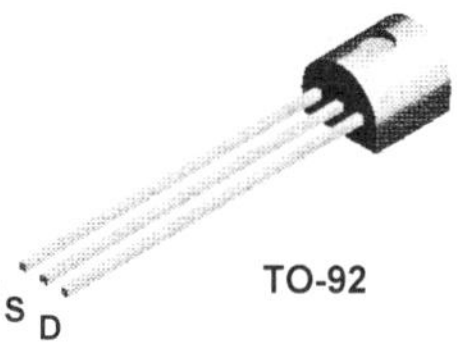

G S D

TO-92

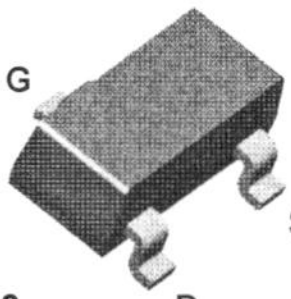

G S D

SOT-23
Mark: 6E / 61U / 61V

NOTE: Source & Drain are interchangeable

P-Channel General Purpose Amplifier

This device is designed primarily for low level audio and general purpose applications with high impedance signal sources. Sourced from Process 89.

Absolute Maximum Ratings* TA = 25°C unless otherwise noted

Symbol	Parameter	Value	Units
V_{DG}	Drain-Gate Voltage	- 40	V
V_{GS}	Gate-Source Voltage	40	V
I_{GF}	Forward Gate Current	10	mA
T_J ,T_{stg}	Operating and Storage Junction Temperature Range	-55 to +150	°C

*These ratings are limiting values above which the serviceability of any semiconductor device may be impaired.

NOTES:
1) These ratings are based on a maximum junction temperature of 150 degrees C.
2) These are steady state limits. The factory should be consulted on applications involving pulsed or low duty cycle operations.

Thermal Characteristics TA = 25°C unless otherwise noted

Symbol	Characteristic	Max		Units
		2N5460-5462	*MMBF5460-5462	
P_D	Total Device Dissipation Derate above 25°C	350 2.8	225 1.8	mW mW/°C
$R_{\theta JC}$	Thermal Resistance, Junction to Case	125		°C/W
$R_{\theta JA}$	Thermal Resistance, Junction to Ambient	357	556	°C/W

*Device mounted on FR-4 PCB 1.6" X 1.6" X 0.06."

P-Channel General Purpose Amplifier
(continued)

Electrical Characteristics
TA = 25°C unless otherwise noted

Symbol	Parameter	Test Conditions	Min	Typ	Max	Units
OFF CHARACTERISTICS						
$V_{(BR)GSS}$	Gate-Source Breakdown Voltage	I_G = 10 μA, V_{DS} = 0	40			V
I_{GSS}	Gate Reverse Current	V_{GS} = 20 V, V_{DS} = 0			5.0	nA
		V_{GS} = 20 V, V_{DS} = 0, T_A = 100°C			1.0	μA
$V_{GS(off)}$	Gate-Source Cutoff Voltage	V_{DS} = 15 V, I_D = 1.0 μA **5460**	0.75		6.0	V
		5461	1.0		7.5	V
		5462	1.8		9.0	V
V_{GS}	Gate-Source Voltage	V_{DS} = 15 V, I_D = 0.1 mA **5460**	0.5		4.0	V
		V_{DS} = 15 V, I_D = 0.2 mA **5461**	0.8		4.5	V
		V_{DS} = 15 V, I_D = 0.4 mA **5462**	1.5		6.0	V
ON CHARACTERISTICS						
I_{DSS}	Zero-Gate Voltage Drain Current*	V_{DS} = 15 V, V_{GS} = 0 **5460**	- 1.0		- 5.0	mA
		5461	- 2.0		- 9.0	mA
		5462	- 4.0		- 16	mA
SMALL SIGNAL CHARACTERISTICS						
g_{fs}	Forward Transfer Conductance	V_{DS} = 15 V, V_{GS} = 0, f = 1.0 kHz				
		5460	1000		4000	μmhos
		5461	1500		5000	μmhos
		5462	2000		6000	μmhos
g_{os}	Output Conductance	V_{DS} = 15 V, V_{GS} = 0, f = 1.0 kHz			75	μmhos
C_{iss}	Input Capacitance	V_{DS} = 15 V, V_{GS} = 0, f = 1.0 MHz		5.0	7.0	pF
C_{rss}	Reverse Transfer Capacitance	V_{DS} = 15 V, V_{GS} = 0, f = 1.0 MHz		1.0	2.0	pF
NF	Noise Figure	V_{DS} = 15 V, V_{GS} = 0, R_G = 1.0 megohm, f = 100 Hz, BW = 1.0 Hz		1.0	2.5	dB
e_n	Equivalent Short-Circuit Input Noise Voltage	V_{DS} = 15 V, V_{GS} = 0, f = 100 Hz, BW = 1.0 Hz		60	115	nV/√Hz

*Pulse Test: Pulse Width ≤ 300 ms, Duty Cycle ≤ 2%

P-Channel General Purpose Amplifier
(continued)

Typical Characteristics (continued)

Transfer Characteristics

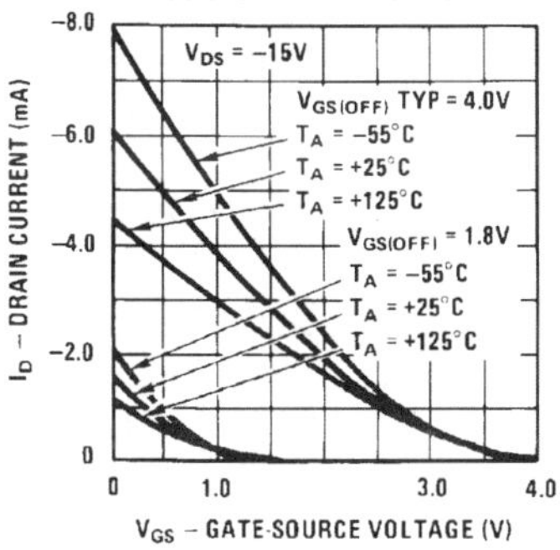

Transfer Charactersitics

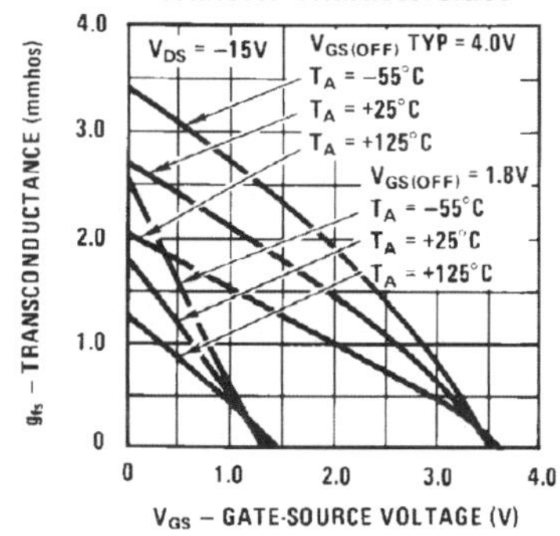

Common Drain-Source

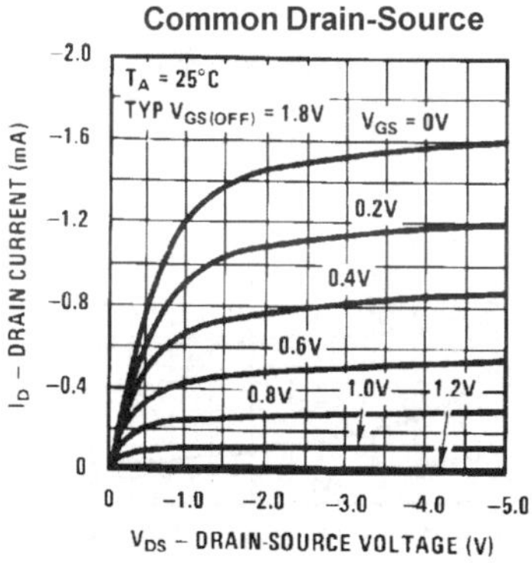

Parameter Interactions

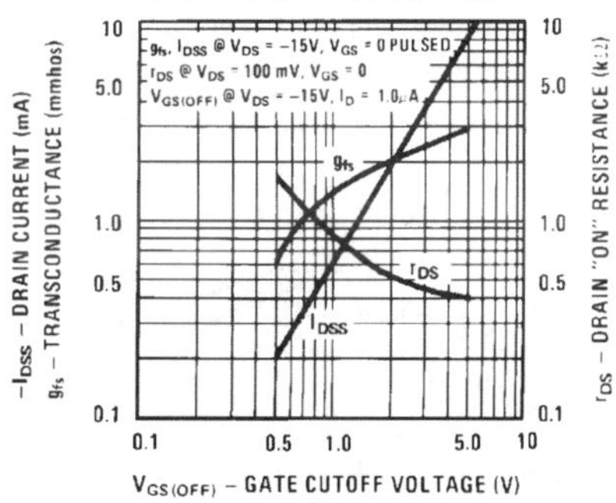

Leakage Current vs. Voltage

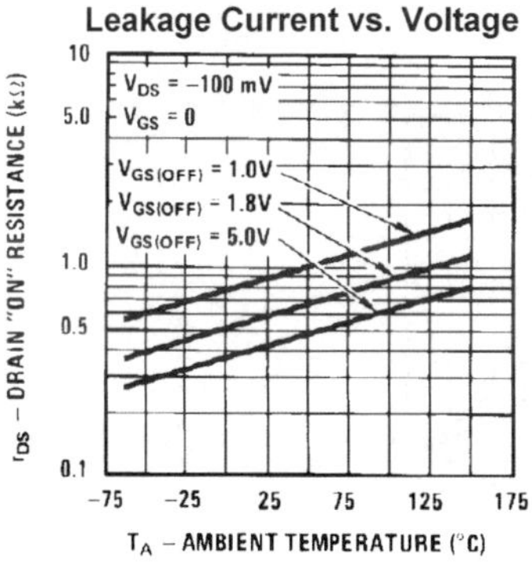

Channel Resistance vs. Temperature

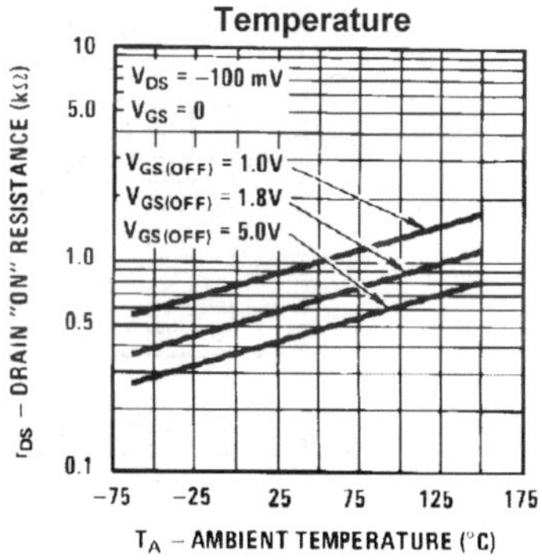

P-Channel General Purpose Amplifier
(continued)

Typical Characteristics (continued)

Output Conductance vs. Drain Current

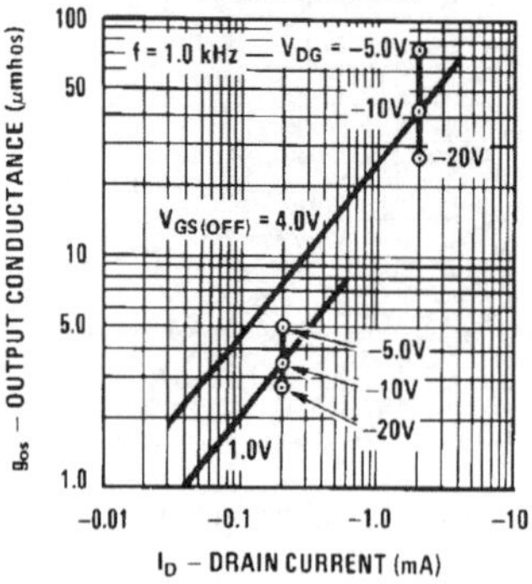

Transconductance vs. Drain Current

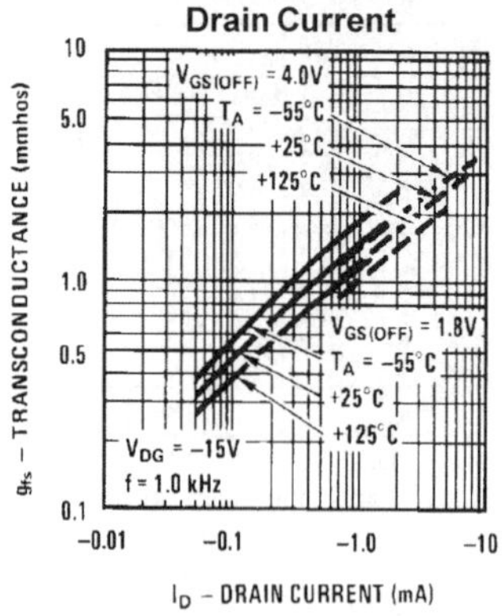

Noise Voltage vs. Frequency

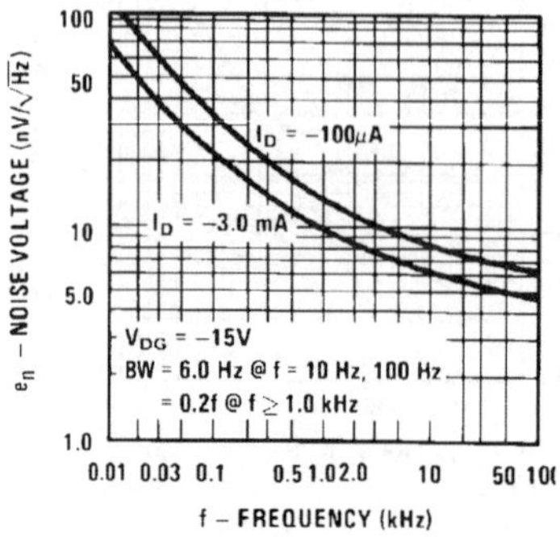

Capacitance vs. Voltage

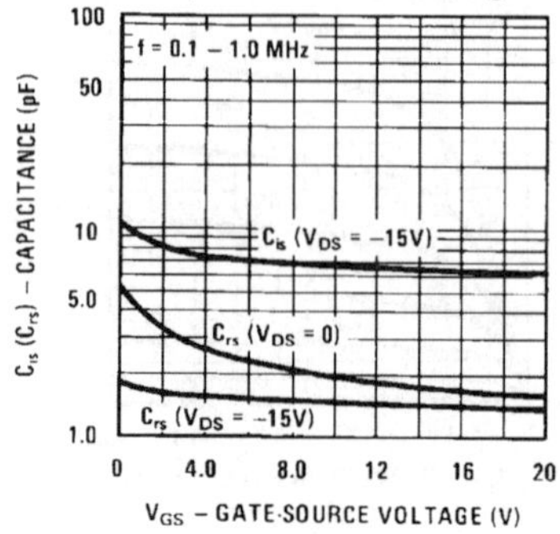

Power Dissipation vs. Ambient Temperature

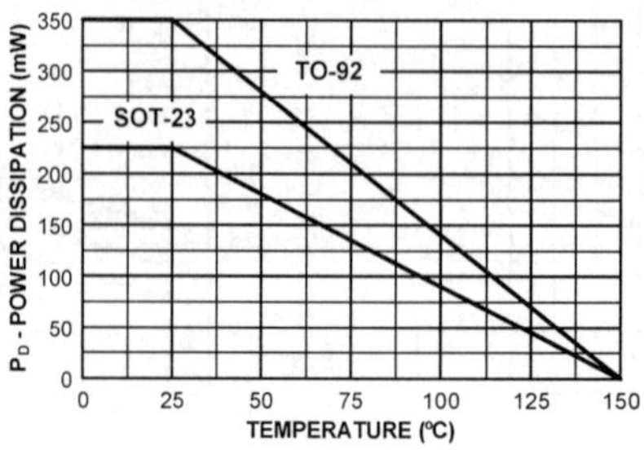

TRADEMARKS

The following are registered and unregistered trademarks Fairchild Semiconductor owns or is authorized to use and is not intended to be an exhaustive list of all such trademarks.

ACEx™	FAST ®	OPTOPLANAR™	SuperSOT™-3
Bottomless™	FASTr™	PACMAN™	SuperSOT™-6
CoolFET™	FRFET™	POP™	SuperSOT™-8
CROSSVOLT™	GlobalOptoisolator™	PowerTrench ®	SyncFET™
DenseTrench™	GTO™	QFET™	TinyLogic™
DOME™	HiSeC™	QS™	UHC™
EcoSPARK™	ISOPLANAR™	QT Optoelectronics™	UltraFET®
E^2CMOS™	LittleFET™	Quiet Series™	VCX™
EnSigna™	MicroFET™	SILENT SWITCHER ®	
FACT™	MICROWIRE™	SMART START™	
FACT Quiet Series™	OPTOLOGIC™	Stealth™	

DISCLAIMER

FAIRCHILD SEMICONDUCTOR RESERVES THE RIGHT TO MAKE CHANGES WITHOUT FURTHER NOTICE TO ANY PRODUCTS HEREIN TO IMPROVE RELIABILITY, FUNCTION OR DESIGN. FAIRCHILD DOES NOT ASSUME ANY LIABILITY ARISING OUT OF THE APPLICATION OR USE OF ANY PRODUCT OR CIRCUIT DESCRIBED HEREIN; NEITHER DOES IT CONVEY ANY LICENSE UNDER ITS PATENT RIGHTS, NOR THE RIGHTS OF OTHERS.

LIFE SUPPORT POLICY

FAIRCHILD'S PRODUCTS ARE NOT AUTHORIZED FOR USE AS CRITICAL COMPONENTS IN LIFE SUPPORT DEVICES OR SYSTEMS WITHOUT THE EXPRESS WRITTEN APPROVAL OF FAIRCHILD SEMICONDUCTOR CORPORATION.
As used herein:

1. Life support devices or systems are devices or systems which, (a) are intended for surgical implant into the body, or (b) support or sustain life, or (c) whose failure to perform when properly used in accordance with instructions for use provided in the labeling, can be reasonably expected to result in significant injury to the user.

2. A critical component is any component of a life support device or system whose failure to perform can be reasonably expected to cause the failure of the life support device or system, or to affect its safety or effectiveness.

PRODUCT STATUS DEFINITIONS

Definition of Terms

Datasheet Identification	Product Status	Definition
Advance Information	Formative or In Design	This datasheet contains the design specifications for product development. Specifications may change in any manner without notice.
Preliminary	First Production	This datasheet contains preliminary data, and supplementary data will be published at a later date. Fairchild Semiconductor reserves the right to make changes at any time without notice in order to improve design.
No Identification Needed	Full Production	This datasheet contains final specifications. Fairchild Semiconductor reserves the right to make changes at any time without notice in order to improve design.
Obsolete	Not In Production	This datasheet contains specifications on a product that has been discontinued by Fairchild semiconductor. The datasheet is printed for reference information only.

Rev. H2

Supertex inc. **2N7008**

N-Channel Enhancement-Mode Vertical DMOS FETs

Ordering Information

BV_{DSS} / BV_{DGS}	$R_{DS(ON)}$ (max)	$I_{D(ON)}$ (min)	Order Number / Package
			TO-92
60V	7.5Ω	500mA	2N7008

Features

- Free from secondary breakdown
- Low power drive requirement
- Ease of paralleling
- Low C_{ISS} and fast switching speeds
- Excellent thermal stability
- Integral Source-Drain diode
- High input impedance and high gain
- Complementary N- and P-channel devices

Applications

- Motor controls
- Converters
- Amplifiers
- Switches
- Power supply circuits
- Drivers (relays, hammers, solenoids, lamps, memories, displays, bipolar transistors, etc.)

Absolute Maximum Ratings

Drain-to-Source Voltage	BV_{DSS}
Drain-to-Gate Voltage	BV_{DGS}
Gate-to-Source Voltage	± 30V
Operating and Storage Temperature	-55°C to +150°C
Soldering Temperature*	300°C

* Distance of 1.6 mm from case for 10 seconds.

Advanced DMOS Technology

These enhancement-mode (normally-off) transistors utilize a vertical DMOS structure and Supertex's well-proven silicon-gate manufacturing process. This combination produces devices with the power handling capabilities of bipolar transistors and with the high input impedance and positive temperature coefficient inherent in MOS devices. Characteristic of all MOS structures, these devices are free from thermal runaway and thermally-induced secondary breakdown.

Supertex's vertical DMOS FETs are ideally suited to a wide range of switching and amplifying applications where high breakdown voltage, high input impedance, low input capacitance, and fast switching speeds are desired.

Package Options

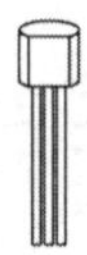

S G D

TO-92

Note: See Package Outline section for dimensions.

2N7008

Thermal Characteristics

Package	I_D (continuous)*	I_D (pulsed)	Power Dissipation @ T_C = 25°C	θ_{jc} °C/W	θ_{ja} °C/W	I_{DR}*	I_{DRM}
TO-92	230mA	1.3A	1W	125	170	230mA	1.3A

* I_D (continuous) is limited by max rated T_j.

Electrical Characteristics (@ 25°C unless otherwise specified)

Symbol	Parameter	Min	Typ	Max	Unit	Conditions
BV_{DSS}	Drain-to-Source Breakdown Voltage	60			V	I_D = -10μA, V_{GS} = 0V
$V_{GS(th)}$	Gate Threshold Voltage	1		2.5	V	V_{GS} = V_{DS}, I_D = 250μA
I_{GSS}	Gate Body Leakage			100	nA	V_{GS} = ±30V, V_{DS} = 0V
I_{DSS}	Zero Gate Voltage Drain Current			1	μA	V_{GS} = 0V, V_{DS} = 50V
				500	μA	V_{GS} = 0V, V_{DS} = 50V T_A = 125°C
$I_{D(ON)}$	ON-State Drain Current	500			mA	V_{GS} = 10V, V_{DS} ≥ $2V_{DS(ON)}$
$R_{DS(ON)}$	Static Drain-to-Source ON-State Resistance			7.5	Ω	V_{GS} = 5V, I_D = 50mA
				7.5		V_{GS} = 10V, I_D = 500mA
G_{FS}	Forward Transconductance	80			m℧	V_{DS} = 10V, I_D = 0.2A
C_{ISS}	Input Capacitance			50	pF	V_{GS} = 0V, V_{DS} = 25V f = 1 MHz
C_{OSS}	Common Source Output Capacitance			25		
C_{RSS}	Reverse Transfer Capacitance			5		
$t_{(ON)}$	Turn-ON Time			20	ns	V_{DD} = 30V, I_D =200 mA, R_{GEN} = 25Ω
$t_{(OFF)}$	Turn-OFF Time			20		
V_{SD}	Diode Forward Voltage Drop			1.5	V	I_{SD} = 150mA, V_{GS} = 0V

Notes:
1. All D.C. parameters 100% tested at 25°C unless otherwise stated. (Pulse test: 300μs pulse, 2% duty cycle.)
2. All A.C. parameters sample tested.

Switching Waveforms and Test Circuit

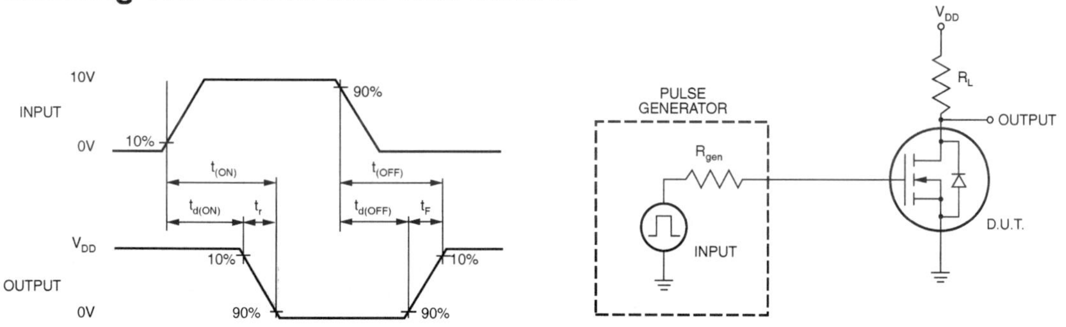

FAIRCHILD SEMICONDUCTOR®

February 2007

LM741
Single Operational Amplifier

Features

- Short Circuit Protection
- Excellent Temperature Stability
- Internal Frequency Compensation
- High Input Voltage Range
- Null of Offset

Description

The LM741 series are general purpose operational amplifiers. It is intended for a wide range of analog applications. The high gain and wide range of operating voltage provide superior performance in intergrator, summing amplifier, and general feedback applications..

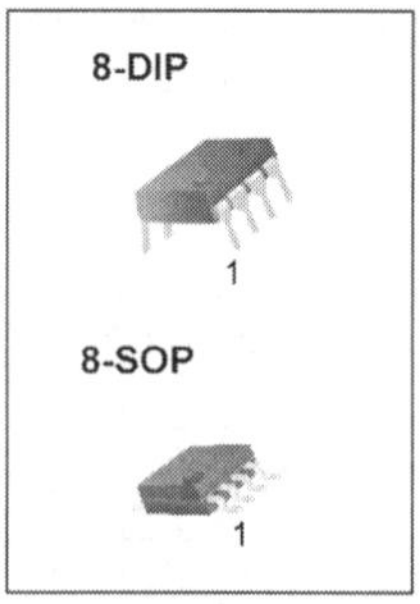

Ordering Information

Part Number	Operating Temp. Range	Pb-Free	Package	Packing Method	Marking Code
LM741CN	0 ~ +70°C	YES	8-DIP	Rail	LM741CN
LM741CM		YES	8-SOP	Rail	LM741CM
LM741CMX		YES	8-SOP	Tape & Reel	LM741CM

Internal Block Diagram

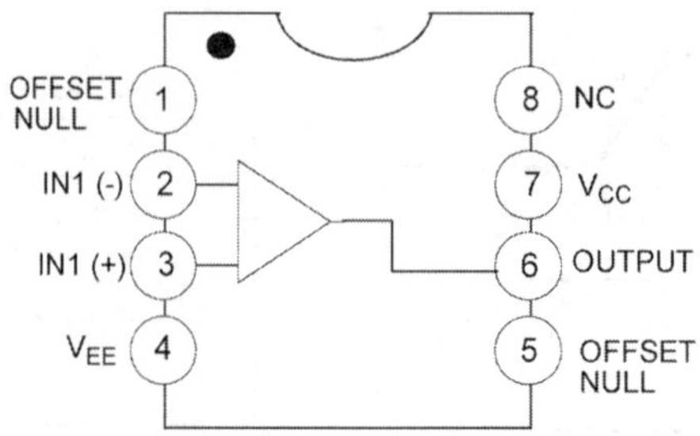

Schematic Diagram

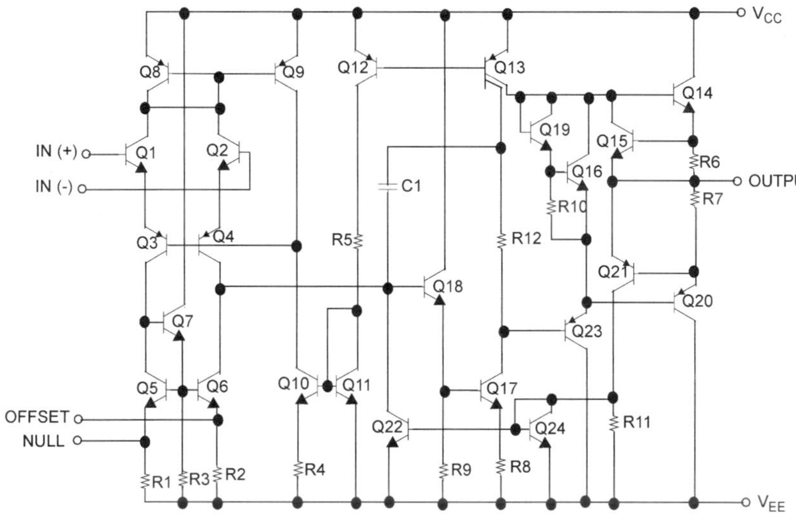

Absolute Maximum Ratings

The "Absolute Maximum Ratings" are those values beyond which the safety of the device cannot be guaranteed. The device should not be operated at these limits. The parametric values defined in the Electrical Characteristics tables are not guaranteed at the absolute maximum ratings. T_A=25°C, unless otherwise specified.

Symbol	Parameter	Value	Unit
V_{CC}	Supply Voltage	±18	V
$V_{I(DIFF)}$	Differential Input Voltage	30	V
V_I	Input Voltage	±15	V
-	Output Short Circuit Duration	Indefinite	-
P_D	Power Dissipation	500	mW
T_{OPR}	Operating Temperature Range	0 ~ +70	°C
T_{STG}	Storage Temperature Range	-65 ~ +150	°C

Electrical Characteristics

(V_{CC} = 15V, V_{EE} = -15V, T_A = 25°C, unless otherwise specified)

Parameter		Symbol	Conditions		Min.	Typ.	Max.	Unit
Input Offset Voltage		V_{IO}	$R_S \leq 10k\Omega$		-	2.0	6.0	mV
			$R_S \leq 50\Omega$		-	-	-	
Input Offset Voltage Adjustment Range		$V_{IO(R)}$	$V_{CC} = \pm20V$		-	±15	-	mV
Input Offset Current		I_{IO}	-		-	20	200	nA
Input Bias Current		I_{BIAS}	-		-	80	500	nA
Input Resistance (Note1)		R_I	$V_{CC} = \pm20V$		0.3	2.0	-	MΩ
Input Voltage Range		$V_{I(R)}$	-		±12	±13	-	V
Large Signal Voltage Gain		G_V	$R_L \geq 2k\Omega$	$V_{CC} = \pm20V$, $V_{O(P-P)} = \pm15V$	-	-	-	V/mV
				$V_{CC} = \pm15V$, $V_{O(P-P)} = \pm10V$	20	200	-	
Output Short Circuit Current		I_{SC}	-		-	25	-	mA
Output Voltage Swing		$V_{O(P-P)}$	$V_{CC} = \pm20V$	$R_L \geq 10k\Omega$	-	-	-	V
				$R_L \geq 2k\Omega$	-	-	-	
			$V_{CC} = \pm15V$	$R_L \geq 10k\Omega$	±12	±14	-	
				$R_L \geq 2k\Omega$	±10	±13	-	
Common Mode Rejection Ratio		CMRR	$R_S \leq 10k\Omega$, $V_{CM} = \pm12V$		70	90	-	dB
			$R_S \leq 50\Omega$, $V_{CM} = \pm12V$		-	-	-	
Power Supply Rejection Ratio		PSRR	$V_{CC} = \pm15V$ to $V_{CC} = \pm15V$ $R_S \leq 50\Omega$		-	-	-	dB
			$V_{CC} = \pm15V$ to $V_{CC} = \pm15V$ $R_S \leq 10k\Omega$		77	96	-	
Transient Response	Rise Time	T_R	Unity Gain		-	0.3	-	μs
	Overshoot	OS			-	10	-	%
Bandwidth		BW	-		-	-	-	MHz
Slew Rate		SR	Unity Gain		-	0.5	-	V/μs
Supply Current		I_{CC}	$R_L = \infty\Omega$		-	1.5	2.8	mA
Power Consumption		P_C	$V_{CC} = \pm20V$		-	-	-	mW
			$V_{CC} = \pm15V$		-	50	85	

Note:

1. Guaranteed by design.

Electrical Characteristics (Continued)

($0°C \le T_A \le 70°C$, $V_{CC} = \pm15V$, unless otherwise specified)
The following specification apply over the range of $0°C \le T_A \le +70°C$ for the LM741C

Parameter	Symbol	Conditions		Min.	Typ.	Max.	Unit
Input Offset Voltage	V_{IO}	$R_S \le 50\Omega$		-	-	-	mV
		$R_S \le 10k\Omega$		-	-	7.5	
Input Offset Voltage Drift	$\Delta V_{IO}/\Delta T$	-		-	-		$\mu V/°C$
Input Offset Current	I_{IO}	-		-	-	300	nA
Input Offset Current Drift	$\Delta I_{IO}/\Delta T$	-		-	-		nA/°C
Input Bias Current	I_{BIAS}	-		-	-	0.8	μA
Input Resistance (Note1)	R_I	$V_{CC} = \pm20V$		-	-	-	$M\Omega$
Input Voltage Range	$V_{I(R)}$	-		±12	±13	-	V
Output Voltage Swing	$V_{O(P-P)}$	$V_{CC} = \pm20V$	$R_S \ge 10k\Omega$	-	-	-	V
			$R_S \ge 2k\Omega$	-	-	-	
		$V_{CC} = \pm15V$	$R_S \ge 10k\Omega$	±12	±14	-	
			$R_S \ge 2k\Omega$	±10	±13	-	
Output Short Circuit Current	I_{SC}	-		10	-	40	mA
Common Mode Rejection Ratio	CMRR	$R_S \le 10k\Omega$, $V_{CM} = \pm12V$		70	90	-	dB
		$R_S \le 50\Omega$, $V_{CM} = \pm12V$		-	-	-	
Power Supply Rejection Ratio	PSRR	$V_{CC} = \pm20V$ to $\pm5V$	$R_S \le 50\Omega$	-	-	-	dB
			$R_S \le 10k\Omega$	77	96	-	
Large Signal Voltage Gain	G_V	$R_S \ge 2k\Omega$	$V_{CC} = \pm20V$, $V_{O(P-P)} = \pm15V$	-	-	-	V/mV
			$V_{CC} = \pm15V$, $V_{O(P.P)} = \pm10V$	15	-	-	
			$V_{CC} = \pm15V$, $V_{O(P-P)} = \pm2V$	-	-	-	

Note :

1. Guaranteed by design.

Typical Performance Characteristics

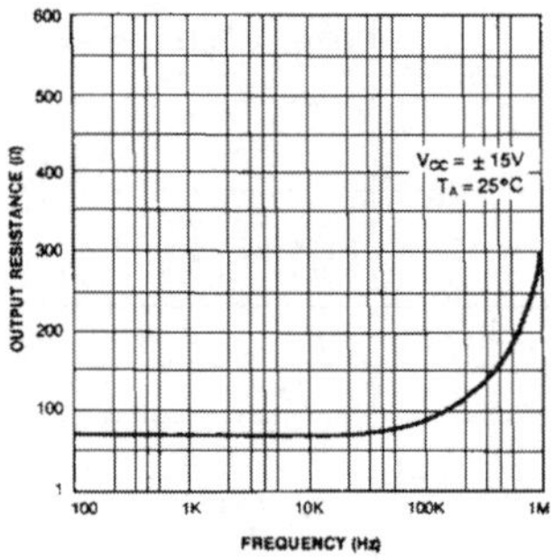

Figure 1. Output Resistance vs Frequency

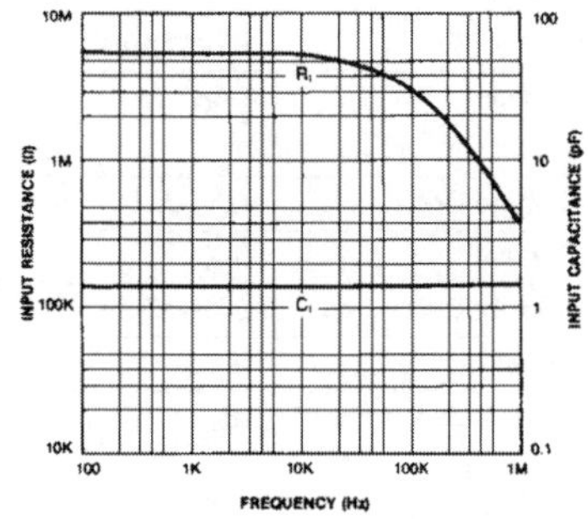

Figure 2. Input Resistance and Input Capacitance vs Frequency

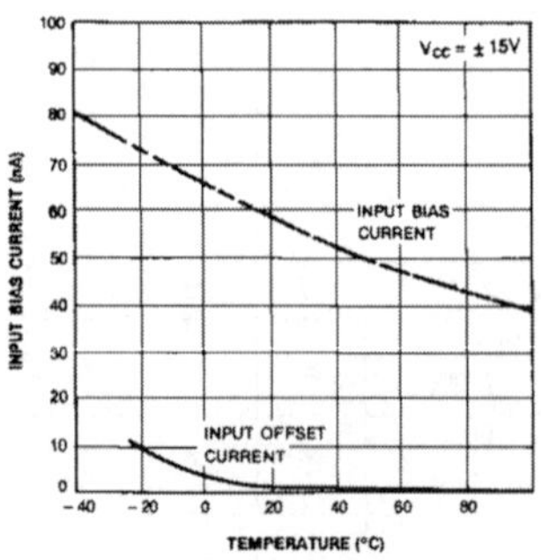

Figure 3. Input Bias Current vs Ambient Temperature

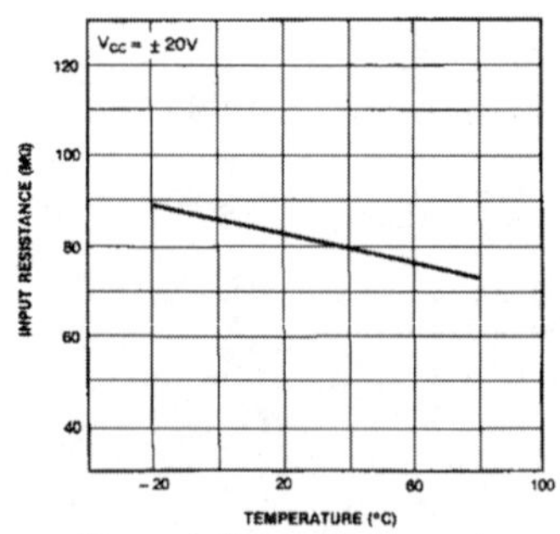

Figure 4. Power Consumption vs Ambient Temperature

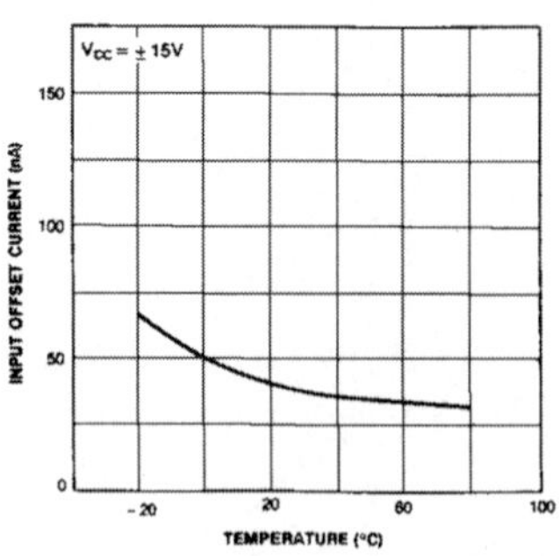

Figure 5. Input Offset Current vs Ambient Temperature

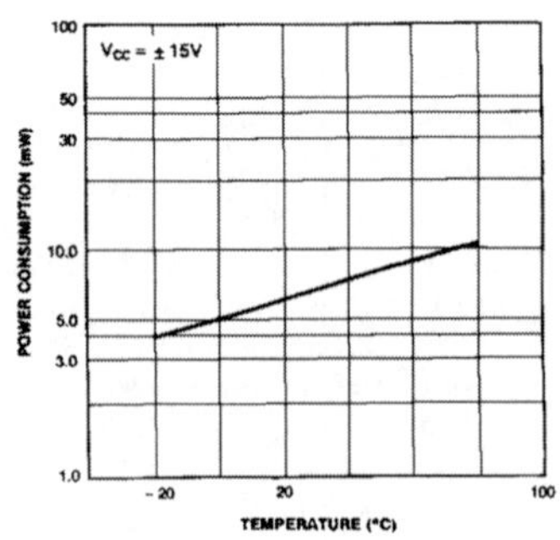

Figure 6. Input Resistance vs Ambient Temperature

Typical Performance Characteristics (Continued)

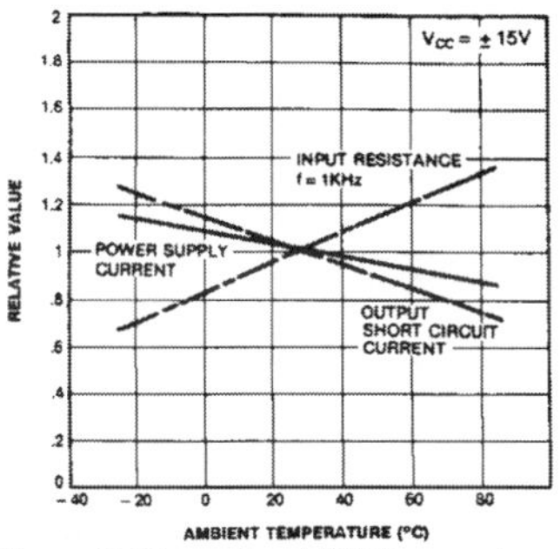

Figure 7. Normalized DC Parameters vs Ambient Temperature

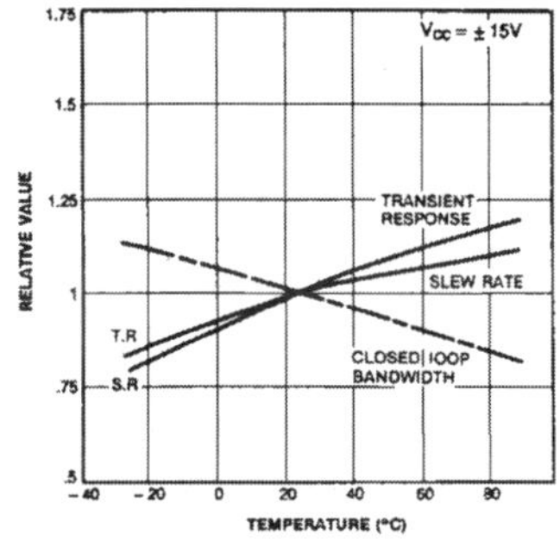

Figure 8. Frequency Characteristics vs Ambient Temperature

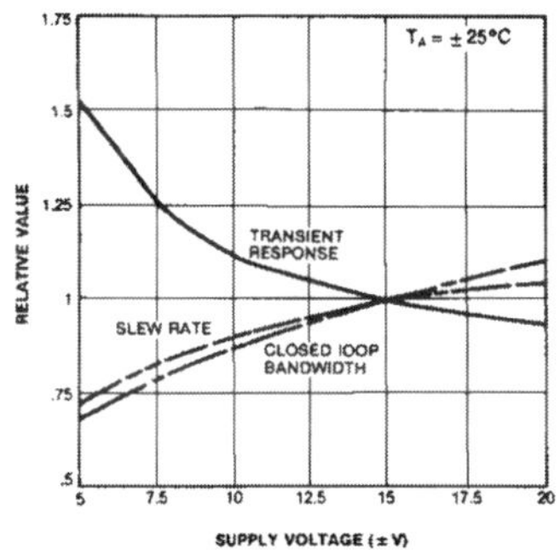

Figure 9. Frequency Characteristics vs Supply Voltage

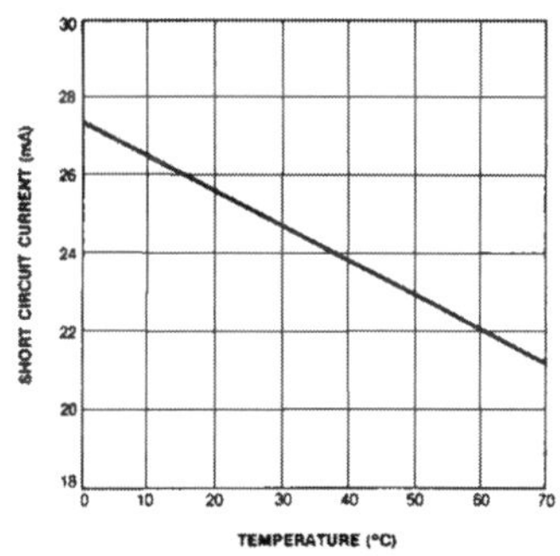

Figure 10. Output Short Circuit Current vs Ambient Temperature

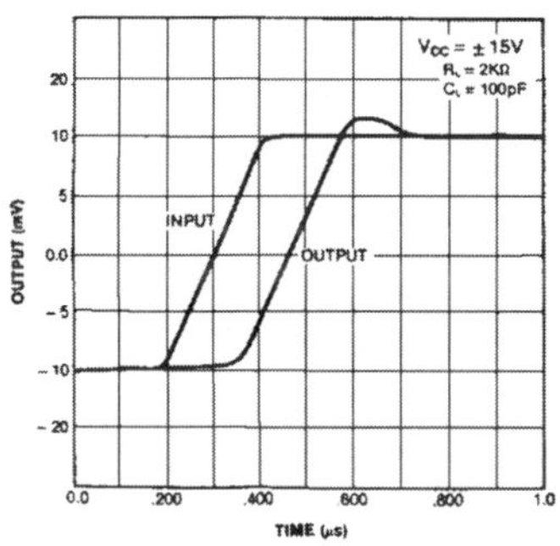

Figure 11. Transient Response

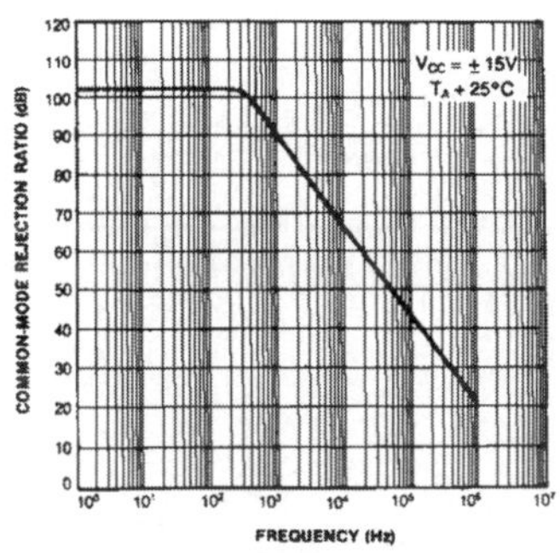

Figure 12. Common-Mode Rejection Ratio vs Frequency

Typical Performance Characteristics (Continued)

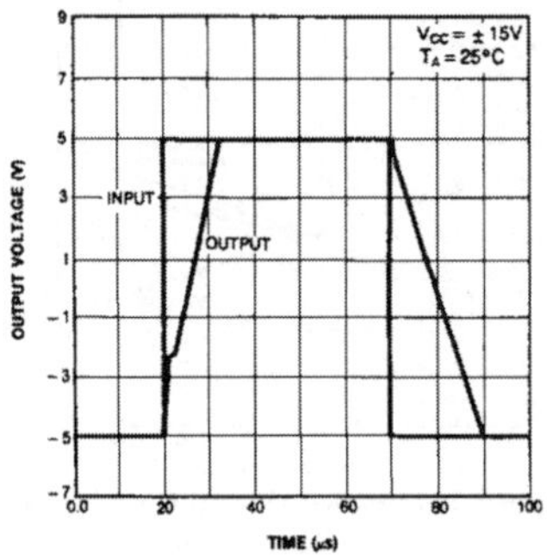

Figure 1. Voltage Follower Large Signal Pulse Response

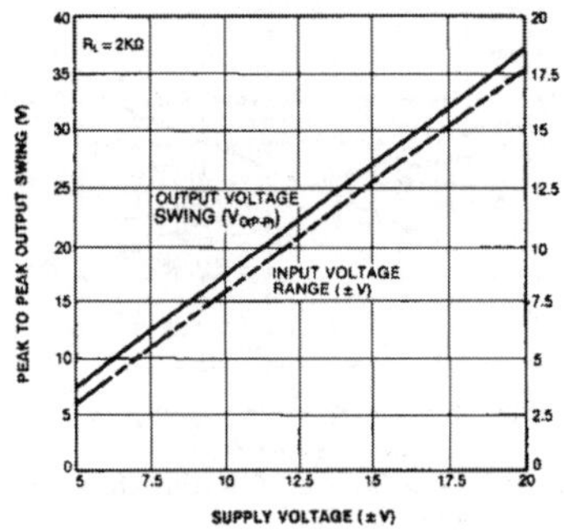

Figure 2. Output Swing and Input Range vs Supply Voltage

Package

Dimensions in millimeters

8-DIP

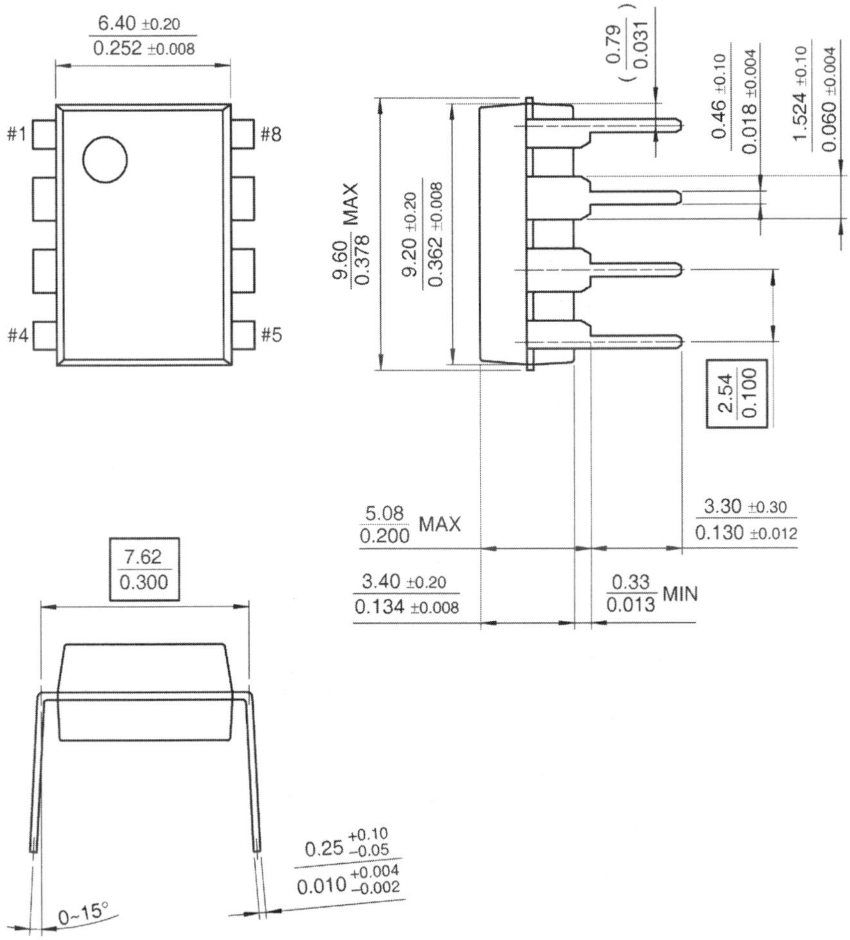

Mechanical Dimensions (Continued)

Package

Dimensions in millimeters

8-SOP

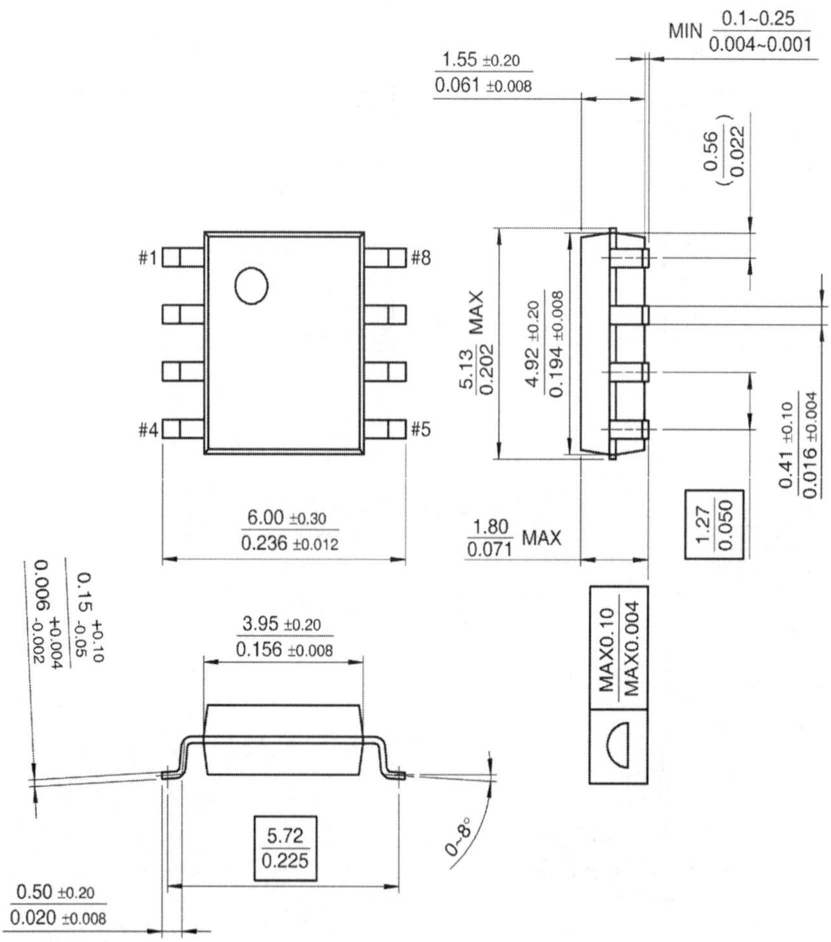

FAIRCHILD SEMICONDUCTOR®

FAIRCHILD SEMICONDUCTOR TRADEMARKS

The following are registered and unregistered trademarks Fairchild Semiconductor owns or is authorized to use and is not intended to be an exhaustive list of all such trademarks.

ACEx™
ActiveArray™
Bottomless™
Build it Now™
CoolFET™
CROSSVOLT™
DOME™
EcoSPARK™
E^2CMOS™
EnSigna™
FACT®
FAST®
FASTr™
FPS™
FRFET™
FACT Quiet Series™
GlobalOptoisolator™
GTO™
HiSeC™
I^2C™
i-Lo™
ImpliedDisconnect™
IntelliMAX™
ISOPLANAR™
LittleFET™
MICROCOUPLER™
MicroFET™
MicroPak™
MICROWIRE™
MSX™
MSXPro™
Across the board. Around the world.™
The Power Franchise®
Programmable Active Droop™
OCX™
OCXPro™
OPTOLOGIC®
OPTOPLANAR™
PACMAN™
POP™
Power247™
PowerEdge™
PowerSaver™
PowerTrench®
QFET®
QS™
QT Optoelectronics™
Quiet Series™
RapidConfigure™
RapidConnect™
µSerDes™
ScalarPump™
SILENT SWITCHER®
SMART START™
SPM™
Stealth™
SuperFET™
SuperSOT™-3
SuperSOT™-6
SuperSOT™-8
SyncFET™
TCM™
TinyBoost™
TinyBuck™
TinyPWM™
TinyPower™
TinyLogic®
TINYOPTO™
TruTranslation™
UHC®
UniFET™
VCX™
Wire™

DISCLAIMER

FAIRCHILD SEMICONDUCTOR RESERVES THE RIGHT TO MAKE CHANGES WITHOUT FURTHER NOTICE TO ANY PRODUCTS HEREIN TO IMPROVE RELIABILITY, FUNCTION OR DESIGN. FAIRCHILD DOES NOT ASSUME ANY LIABILITY ARISING OUT OF THE APPLICATION OR USE OF ANY PRODUCT OR CIRCUIT DESCRIBED HEREIN;NEITHER DOES IT CONVEY ANY LICENSE UNDER ITS PATENT RIGHTS, NOR THE RIGHTS OF OTHERS. THESE SPECIFICATIONS DO NOT EXPAND THE TERMS OF FAIRCHILD'S WORLDWIDE TERMS AND CONDITIONS, SPECIFICALLY THE WARRANTY THEREIN, WHICH COVERS THESE PRODUCTS.

LIFE SUPPORT POLICY

FAIRCHILD'S PRODUCTS ARE NOT AUTHORIZED FOR USE AS CRITICAL COMPONENTS IN LIFE SUPPORT DEVICES OR SYSTEMS WITHOUT THE EXPRESS WRITTEN APPROVAL OF FAIRCHILD SEMICONDUCTOR CORPORATION.

As used herein:

1. Life support devices or systems are devices or systems which, (a) are intended for surgical implant into the body, or (b) support or sustain life, or (c) whose failure to perform when properly used in accordance with instructions for use provided in the labeling, can be reasonably expected to result in significant injury to the user.

2. A critical component is any component of a life support device or system whose failure to perform can be reasonably expected to cause the failure of the life support device or system, or to affect its safety or effectiveness.

PRODUCT STATUS DEFINITIONS

Definition of Terms

Datasheet Identification	Product Status	Definition
Advance Information	Formative or In Design	This datasheet contains the design specifications for product development. Specifications may change in any manner without notice.
Preliminary	First Production	This datasheet contains preliminary data, and supplementary data will be published at a later date. Fairchild Semiconductor reserves the right to make changes at any time without notice in order to improve design.
No Identification Needed	Full Production	This datasheet contains final specifications. Fairchild Semiconductor reserves the right to make changes at any time without notice in order to improve design.
Obsolete	Not In Production	This datasheet contains specifications on a product that has been discontinued by Fairchild semiconductor. The datasheet is printed for reference information only.

Rev. I22

National Semiconductor

January 2000

LM386
Low Voltage Audio Power Amplifier

General Description

The LM386 is a power amplifier designed for use in low voltage consumer applications. The gain is internally set to 20 to keep external part count low, but the addition of an external resistor and capacitor between pins 1 and 8 will increase the gain to any value up to 200.

The inputs are ground referenced while the output is automatically biased to one half the supply voltage. The quiescent power drain is only 24 milliwatts when operating from a 6 volt supply, making the LM386 ideal for battery operation.

Features

- Battery operation
- Minimum external parts
- Wide supply voltage range: 4V–12V or 5V–18V
- Low quiescent current drain: 4 mA
- Voltage gains from 20 to 200
- Ground referenced input
- Self-centering output quiescent voltage
- Low distortion
- Available in 8 pin MSOP package

Applications

- AM-FM radio amplifiers
- Portable tape player amplifiers
- Intercoms
- TV sound systems
- Line drivers
- Ultrasonic drivers
- Small servo drivers
- Power converters

Equivalent Schematic and Connection Diagrams

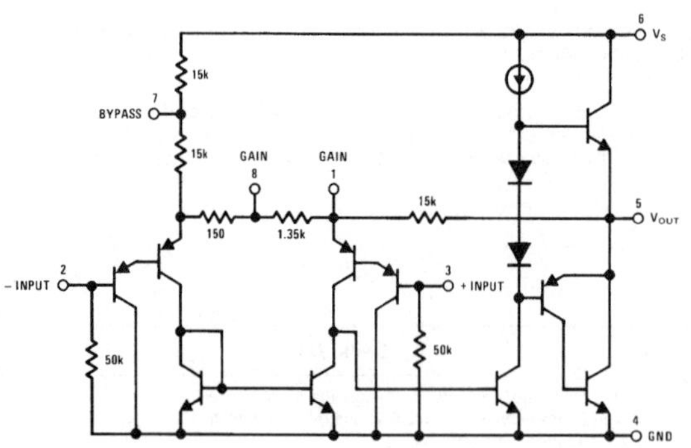

DS006976-1

Small Outline, Molded Mini Small Outline, and Dual-In-Line Packages

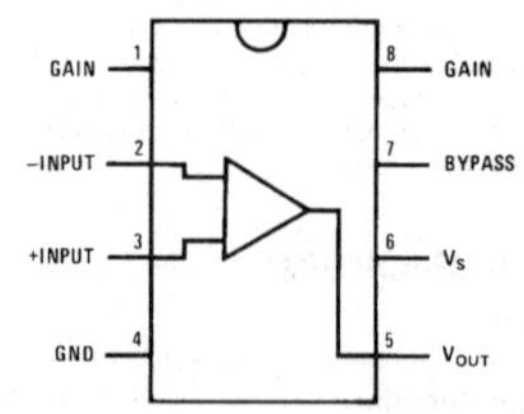

DS006976-2

Top View
Order Number LM386M-1, LM386MM-1, LM386N-1, LM386N-3 or LM386N-4
See NS Package Number M08A, MUA08A or N08E

Absolute Maximum Ratings (Note 2)

If Military/Aerospace specified devices are required, please contact the National Semiconductor Sales Office/ Distributors for availability and specifications.

Supply Voltage	
(LM386N-1, -3, LM386M-1)	15V
Supply Voltage (LM386N-4)	22V
Package Dissipation (Note 3)	
(LM386N)	1.25W
(LM386M)	0.73W
(LM386MM-1)	0.595W
Input Voltage	±0.4V
Storage Temperature	−65°C to +150°C
Operating Temperature	0°C to +70°C
Junction Temperature	+150°C
Soldering Information	
Dual-In-Line Package	
Soldering (10 sec)	+260°C
Small Outline Package	
(SOIC and MSOP)	
Vapor Phase (60 sec)	+215°C
Infrared (15 sec)	+220°C

See AN-450 "Surface Mounting Methods and Their Effect on Product Reliability" for other methods of soldering surface mount devices.

Thermal Resistance	
θ_{JC} (DIP)	37°C/W
θ_{JA} (DIP)	107°C/W
θ_{JC} (SO Package)	35°C/W
θ_{JA} (SO Package)	172°C/W
θ_{JA} (MSOP)	210°C/W
θ_{JC} (MSOP)	56°C/W

Electrical Characteristics (Notes 1, 2)

T_A = 25°C

Parameter	Conditions	Min	Typ	Max	Units
Operating Supply Voltage (V_S)					
LM386N-1, -3, LM386M-1, LM386MM-1		4		12	V
LM386N-4		5		18	V
Quiescent Current (I_Q)	V_S = 6V, V_{IN} = 0		4	8	mA
Output Power (P_{OUT})					
LM386N-1, LM386M-1, LM386MM-1	V_S = 6V, R_L = 8Ω, THD = 10%	250	325		mW
LM386N-3	V_S = 9V, R_L = 8Ω, THD = 10%	500	700		mW
LM386N-4	V_S = 16V, R_L = 32Ω, THD = 10%	700	1000		mW
Voltage Gain (A_V)	V_S = 6V, f = 1 kHz		26		dB
	10 µF from Pin 1 to 8		46		dB
Bandwidth (BW)	V_S = 6V, Pins 1 and 8 Open		300		kHz
Total Harmonic Distortion (THD)	V_S = 6V, R_L = 8Ω, P_{OUT} = 125 mW f = 1 kHz, Pins 1 and 8 Open		0.2		%
Power Supply Rejection Ratio (PSRR)	V_S = 6V, f = 1 kHz, C_{BYPASS} = 10 µF Pins 1 and 8 Open, Referred to Output		50		dB
Input Resistance (R_{IN})			50		kΩ
Input Bias Current (I_{BIAS})	V_S = 6V, Pins 2 and 3 Open		250		nA

Note 1: All voltages are measured with respect to the ground pin, unless otherwise specified.

Note 2: Absolute Maximum Ratings indicate limits beyond which damage to the device may occur. Operating Ratings indicate conditions for which the device is functional, but do not guarantee specific performance limits. Electrical Characteristics state DC and AC electrical specifications under particular test conditions which guarantee specific performance limits. This assumes that the device is within the Operating Ratings. Specifications are not guaranteed for parameters where no limit is given, however, the typical value is a good indication of device performance.

Note 3: For operation in ambient temperatures above 25°C, the device must be derated based on a 150°C maximum junction temperature and 1) a thermal resistance of 107°C/W junction to ambient for the dual-in-line package and 2) a thermal resistance of 170°C/W for the small outline package.

Application Hints

GAIN CONTROL

To make the LM386 a more versatile amplifier, two pins (1 and 8) are provided for gain control. With pins 1 and 8 open the 1.35 kΩ resistor sets the gain at 20 (26 dB). If a capacitor is put from pin 1 to 8, bypassing the 1.35 kΩ resistor, the gain will go up to 200 (46 dB). If a resistor is placed in series with the capacitor, the gain can be set to any value from 20 to 200. Gain control can also be done by capacitively coupling a resistor (or FET) from pin 1 to ground.

Additional external components can be placed in parallel with the internal feedback resistors to tailor the gain and frequency response for individual applications. For example, we can compensate poor speaker bass response by frequency shaping the feedback path. This is done with a series RC from pin 1 to 5 (paralleling the internal 15 kΩ resistor). For 6 dB effective bass boost: R ≅ 15 kΩ, the lowest value for good stable operation is R = 10 kΩ if pin 8 is open. If pins 1 and 8 are bypassed then R as low as 2 kΩ can be used. This restriction is because the amplifier is only compensated for closed-loop gains greater than 9.

INPUT BIASING

The schematic shows that both inputs are biased to ground with a 50 kΩ resistor. The base current of the input transistors is about 250 nA, so the inputs are at about 12.5 mV when left open. If the dc source resistance driving the LM386 is higher than 250 kΩ it will contribute very little additional offset (about 2.5 mV at the input, 50 mV at the output). If the dc source resistance is less than 10 kΩ, then shorting the unused input to ground will keep the offset low (about 2.5 mV at the input, 50 mV at the output). For dc source resistances between these values we can eliminate excess offset by putting a resistor from the unused input to ground, equal in value to the dc source resistance. Of course all offset problems are eliminated if the input is capacitively coupled.

When using the LM386 with higher gains (bypassing the 1.35 kΩ resistor between pins 1 and 8) it is necessary to bypass the unused input, preventing degradation of gain and possible instabilities. This is done with a 0.1 μF capacitor or a short to ground depending on the dc source resistance on the driven input.

Typical Performance Characteristics

Quiescent Supply Current vs Supply Voltage

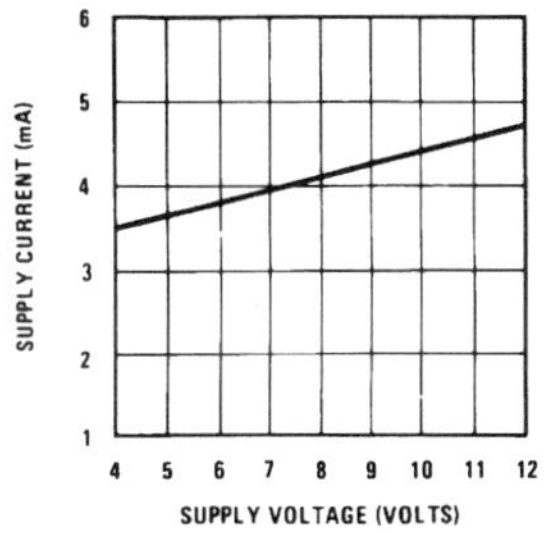

DS006976-5

Power Supply Rejection Ratio (Referred to the Output) vs Frequency

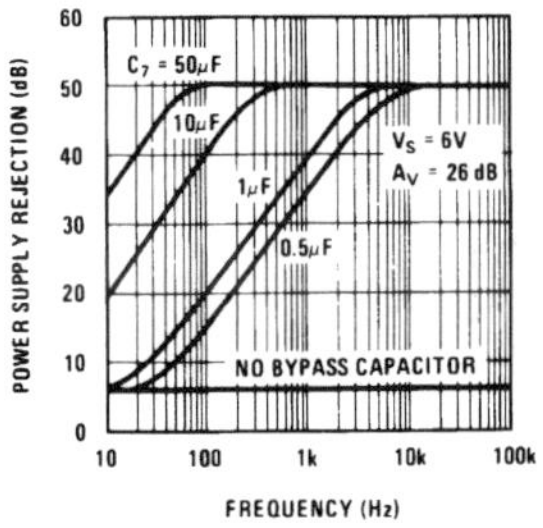

DS006976-12

Peak-to-Peak Output Voltage Swing vs Supply Voltage

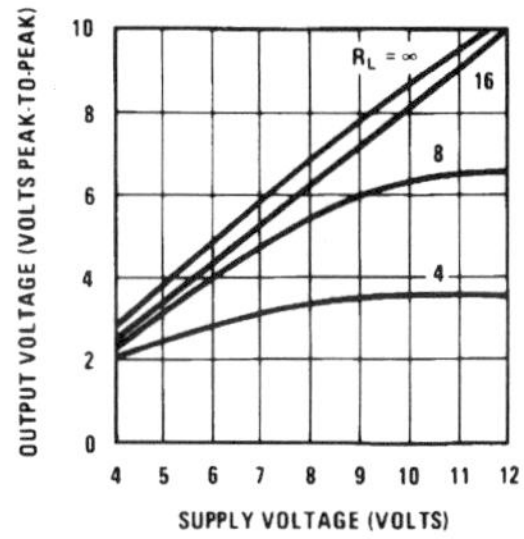

DS006976-13

Voltage Gain vs Frequency

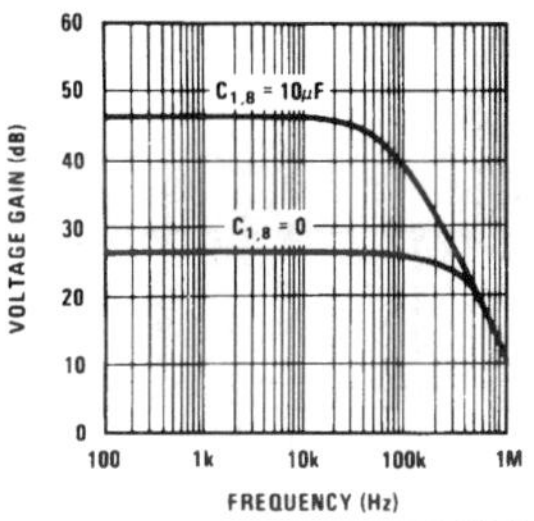

DS006976-14

Distortion vs Frequency

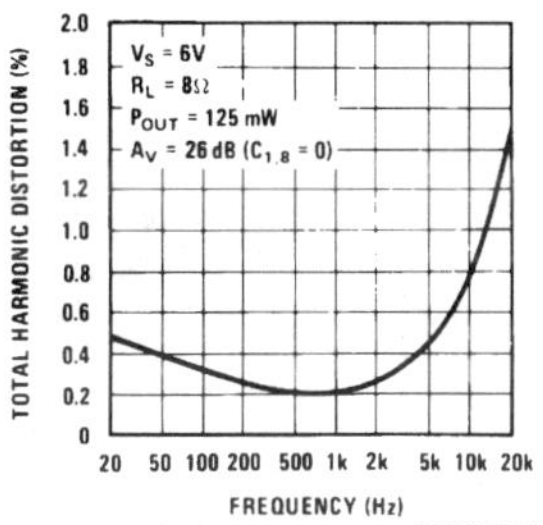

DS006976-15

Distortion vs Output Power

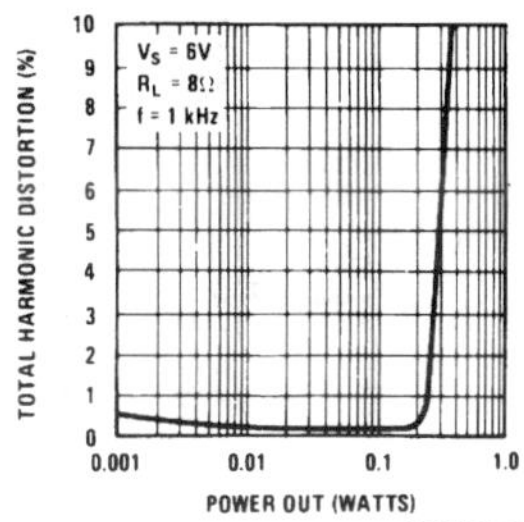

DS006976-16

Device Dissipation vs Output Power—4Ω Load

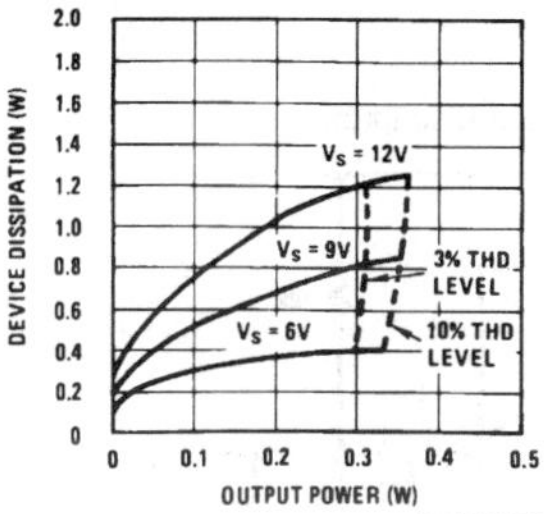

DS006976-17

Device Dissipation vs Output Power—8Ω Load

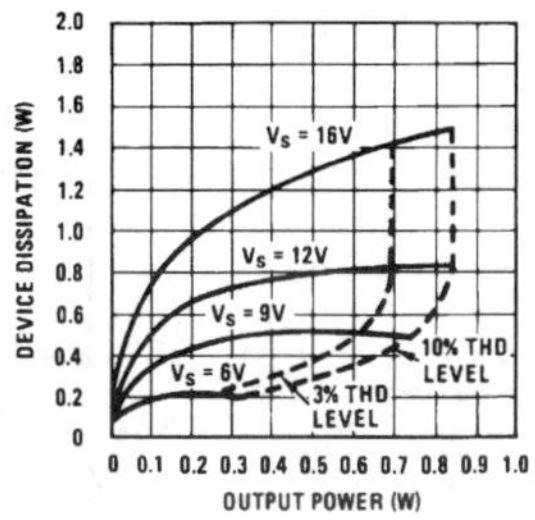

DS006976-18

Device Dissipation vs Output Power—16Ω Load

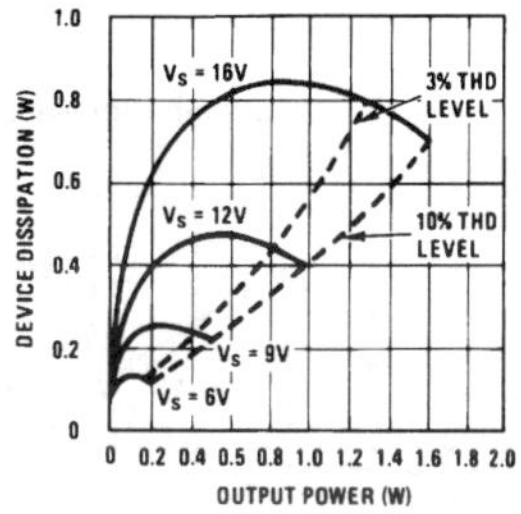

DS006976-19

Typical Applications

Amplifier with Gain = 20 Minimum Parts

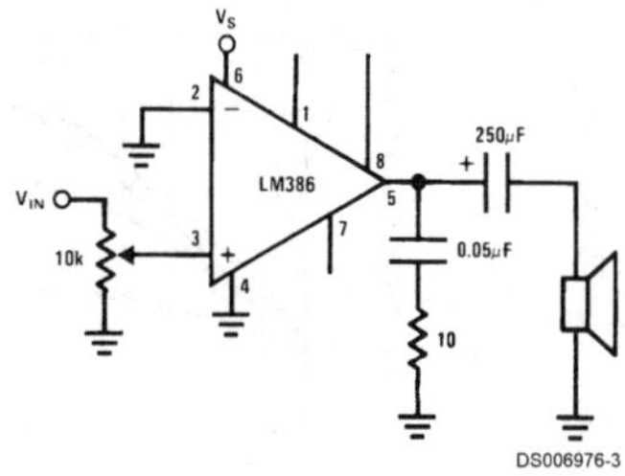

Amplifier with Gain = 200

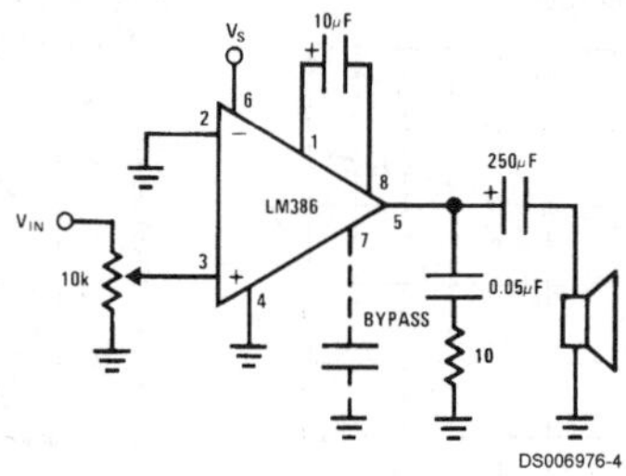

Amplifier with Gain = 50

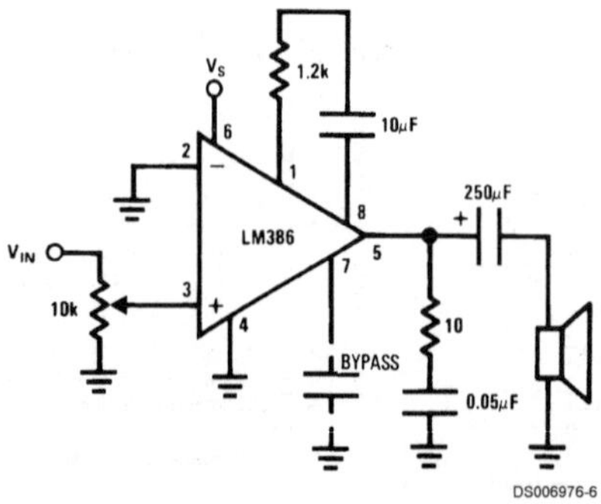

Low Distortion Power Wienbridge Oscillator

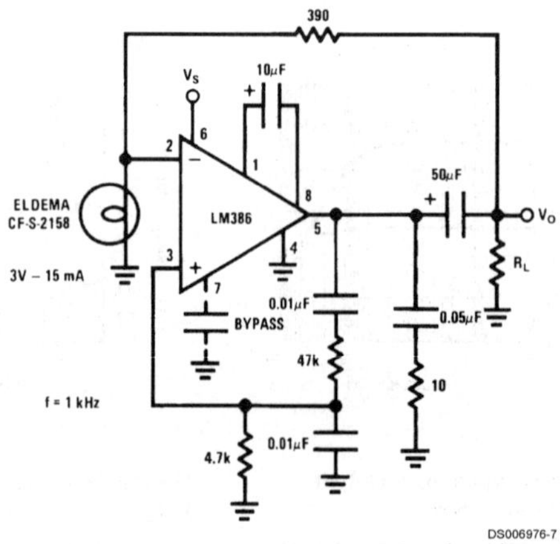

Amplifier with Bass Boost

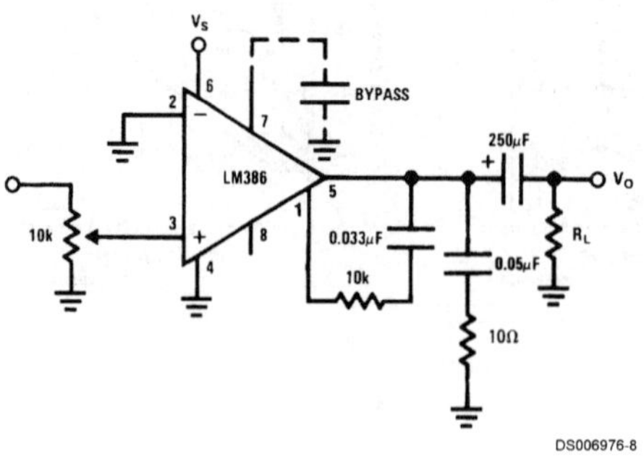

Square Wave Oscillator

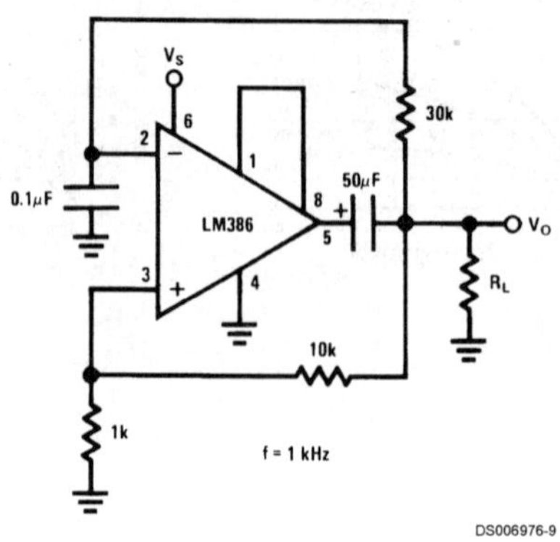

Typical Applications (Continued)

Frequency Response with Bass Boost

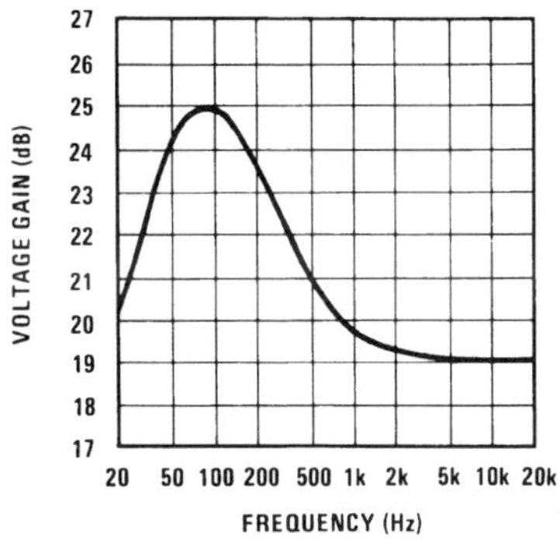

DS006976-10

AM Radio Power Amplifier

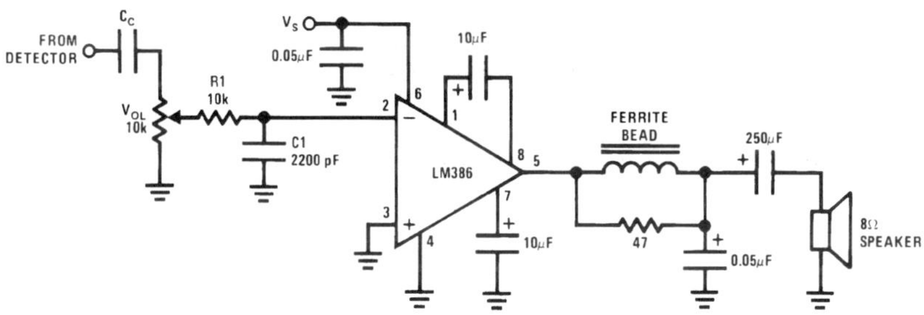

DS006976-11

Note 4: Twist Supply lead and supply ground very tightly.

Note 5: Twist speaker lead and ground very tightly.

Note 6: Ferrite bead in Ferroxcube K5-001-001/3B with 3 turns of wire.

Note 7: R1C1 band limits input signals.

Note 8: All components must be spaced very closely to IC.

Physical Dimensions inches (millimeters) unless otherwise noted

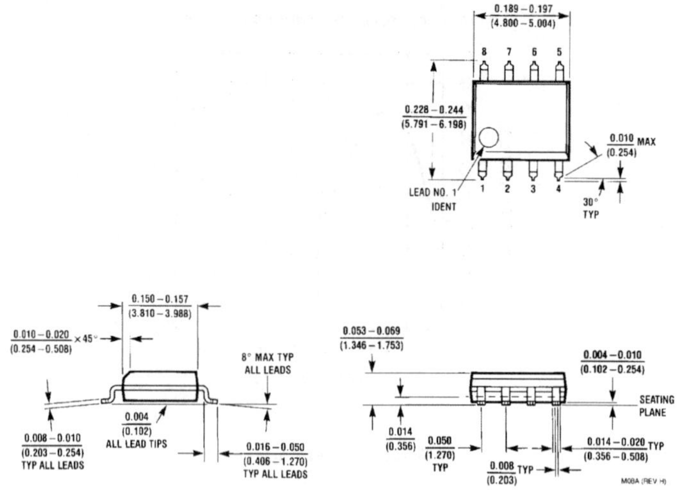

SO Package (M)
Order Number LM386M-1
NS Package Number M08A

Physical Dimensions inches (millimeters) unless otherwise noted (Continued)

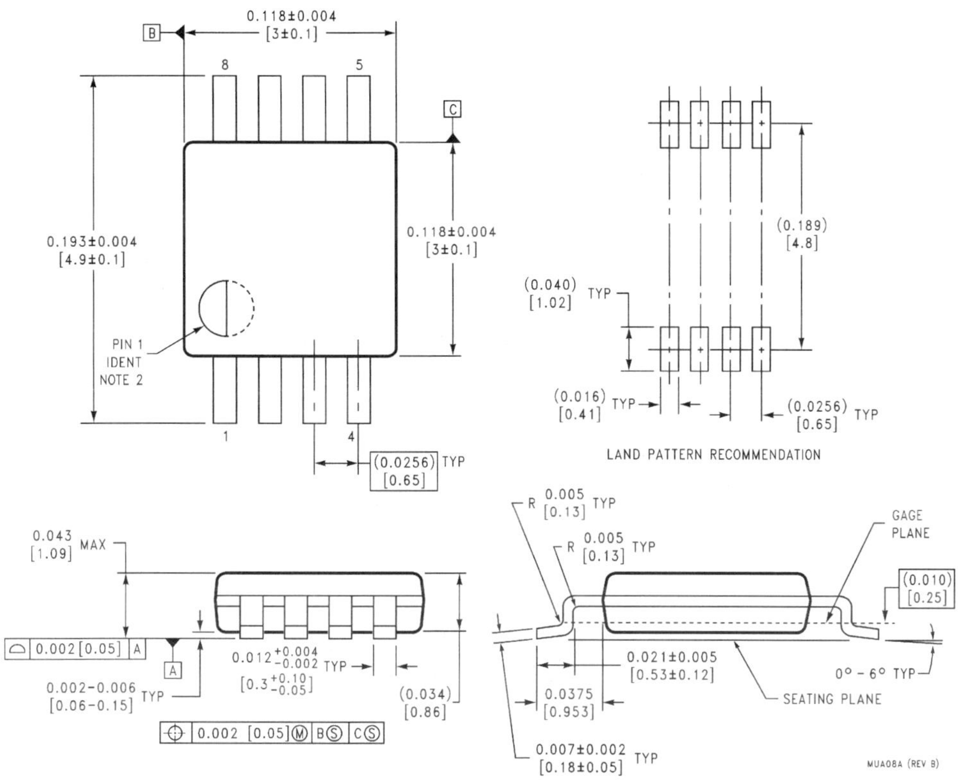

8-Lead (0.118" Wide) Molded Mini Small Outline Package
Order Number LM386MM-1
NS Package Number MUA08A

Physical Dimensions inches (millimeters) unless otherwise noted (Continued)

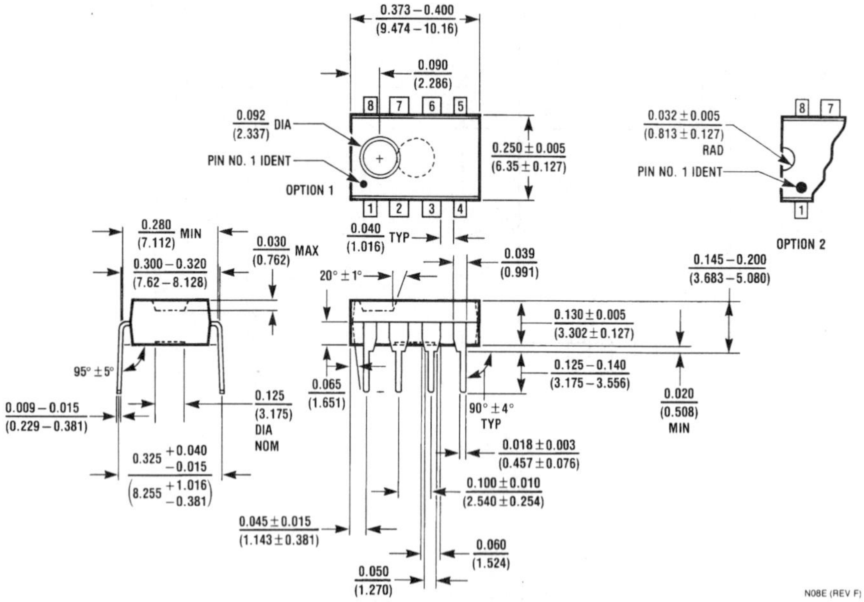

Dual-In-Line Package (N)
Order Number LM386N-1, LM386N-3 or LM386N-4
NS Package Number N08E

LIFE SUPPORT POLICY

NATIONAL'S PRODUCTS ARE NOT AUTHORIZED FOR USE AS CRITICAL COMPONENTS IN LIFE SUPPORT DEVICES OR SYSTEMS WITHOUT THE EXPRESS WRITTEN APPROVAL OF THE PRESIDENT AND GENERAL COUNSEL OF NATIONAL SEMICONDUCTOR CORPORATION. As used herein:

1. Life support devices or systems are devices or systems which, (a) are intended for surgical implant into the body, or (b) support or sustain life, and whose failure to perform when properly used in accordance with instructions for use provided in the labeling, can be reasonably expected to result in a significant injury to the user.
2. A critical component is any component of a life support device or system whose failure to perform can be reasonably expected to cause the failure of the life support device or system, or to affect its safety or effectiveness.

National Semiconductor Corporation
Americas
Tel: 1-800-272-9959
Fax: 1-800-737-7018
Email: support@nsc.com

www.national.com

National Semiconductor Europe
Fax: +49 (0) 1 80-530 85 86
Email: europe.support@nsc.com
Deutsch Tel: +49 (0) 1 80-530 85 85
English Tel: +49 (0) 1 80-532 78 32
Français Tel: +49 (0) 1 80-532 93 58
Italiano Tel: +49 (0) 1 80-534 16 80

National Semiconductor Asia Pacific Customer Response Group
Tel: 65-2544466
Fax: 65-2504466
Email: sea.support@nsc.com

National Semiconductor Japan Ltd.
Tel: 81-3-5639-7560
Fax: 81-3-5639-7507

SPECIFICATION

UNISON

Product	Micro speaker	Issued date	07-Jun-11
Part No.	U508B25G	Page No.	2 of 4

1. Physical dimension.

Diameter	**50 mm** (Refer to drawing)
Thickness	**8.9 mm** (Refer to drawing)
Weight	**14.5g ±1.4g**

2. Electric characteristics.

Impedance	**8 Ω** ± 15 % at 1.0V 1KHz.
S.P.L.	**91 dB ± 3 dB** at 0.8 , 1.0 , 1.2 , 1.5 KHz. Average figures / 4 Pts .
Power	Nor. : **2.0 W** (4.0V) Max. : **3.0 W** (4.89V)
Resonant Frequency (Fo)	**550 Hz** ± 20% at 1.0 V
Effective Frequency band	Fo ~ **10 KHz.**
Distortion	Less than 5% at 1 KHz 0.1 W.
Buzz & rattle , etc.	Not be audible at 4.0 V sine wave, Fo ~ 10 KHz.
Load Test	Must be normal with program source 2.0 W. / (4.0V) White noise (EIA) / 96 Hrs.
Magnet	12.5 mm × 1.5 mm (Rare Earth Permanent Magnet)
Leakage Flux	Front Cover Surface Center : MAX 1200 Gauss

3. Environment Test

High Temperature	**+60℃ ± 3℃** 96 Hrs and keep 6 Hrs in a room.
Low Temperature	**-20℃ ± 3℃** 96 Hrs and keep 6 Hrs in a room.
Humidity Resistance	**+40℃ ± 3℃ 90 % ± 5%** 96 Hrs.
Operation Temperature Range	**-20℃ ± 3℃ ~ +60℃ ± 3℃**
Storage Temperature Range	**-20℃ ± 3℃ ~ +70℃ ± 3℃**

SPECIFICATION

Product	Micro speaker	Issued date	07-Jun-11
Part No.	U508B25G	Page No.	3 of 4

4. Frequency curve.

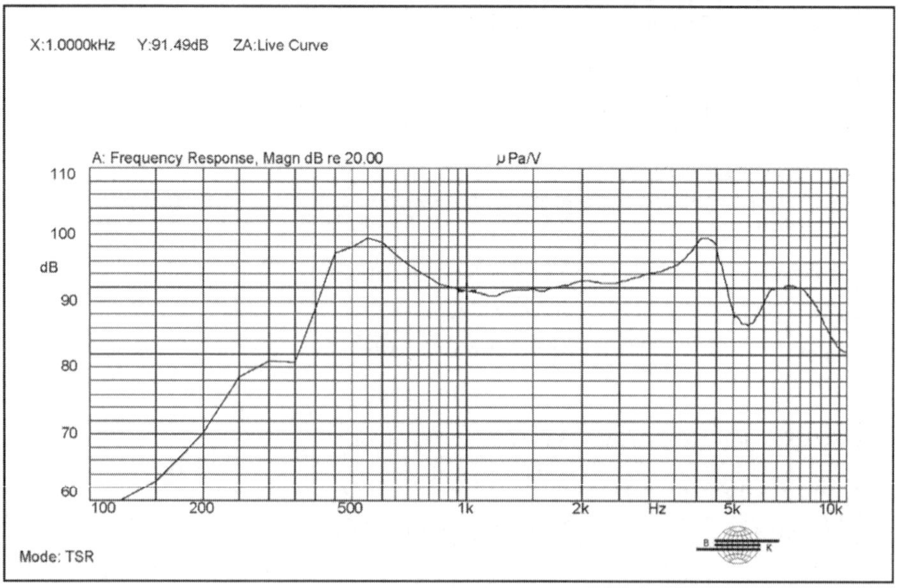

5. Test diagram.

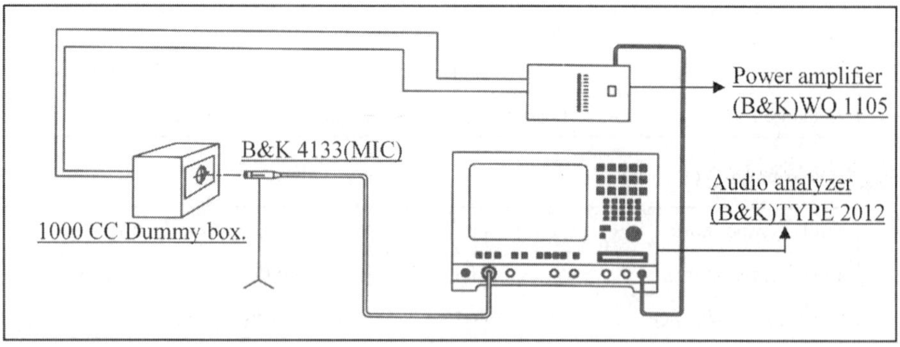

6. Measurement condition.

Microphone	B&K 4133	Zero level	60 dB
Mode	TSR	Input power	0.1 W
Mic distance	0.1m	Sweep time	0.5Sec

UA-G-004-02 Rev.1 UNISON ACOUSTICS CO., LTD. A4(297X210)mm

Model No.		U508B25G	Page No.	4 of 4	
REV.NO	DATE	DESCRIPTION	DRAW.BY	CHKD.BY	APP.BY

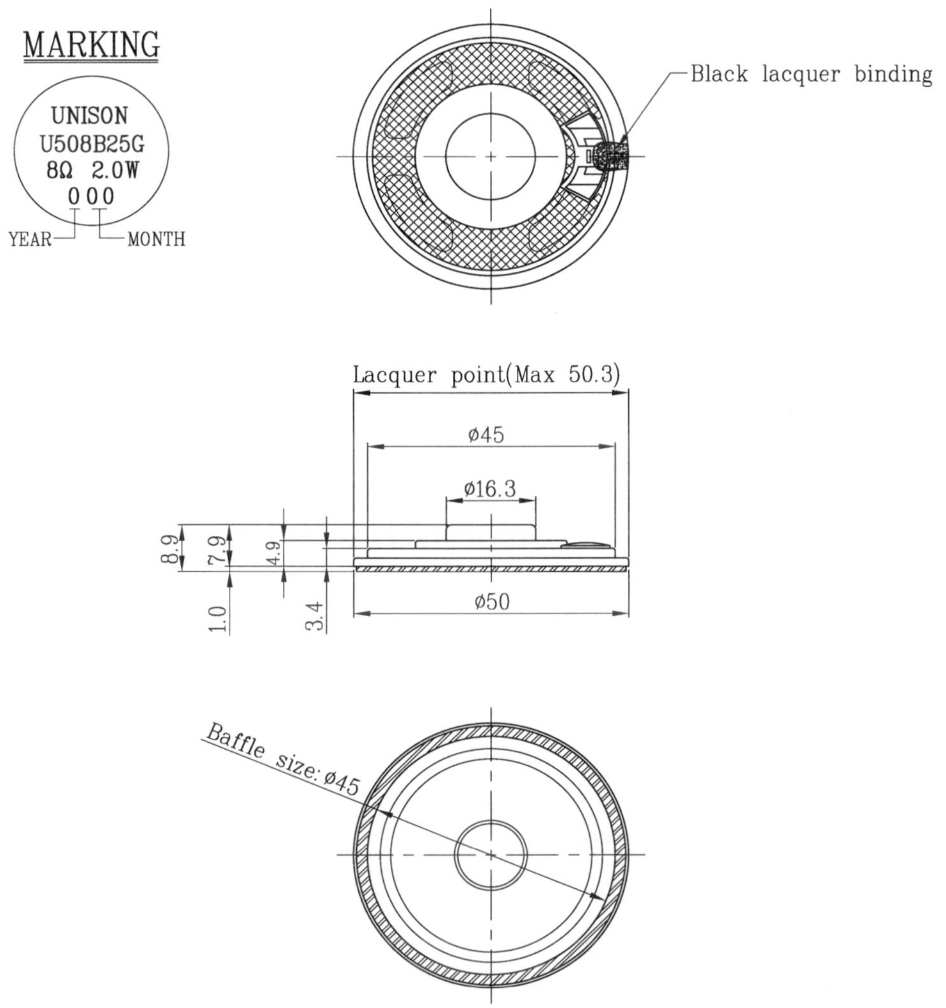

UNIT	mm	DRAW.BY	CHKD.BY	APP.BY	DATE	07-JUN-2011
SCALE	1 : 1	H.S.JANG	D.W.P	I.G.SONG	MODEL NO.	U508B25G
TOL	± 0.3	2011.06.07	2011.06.07	2011.06.07	NOMENCLATURE	MODEL DIMENSION

FRM.UA-G-004-03 Rev.0 UNISON ACOUSTICS CO., LTD. A4(297 X 210) mm

FAIRCHILD SEMICONDUCTOR®

November 2010

1N5817 - 1N5819
Schottky Barrier Rectifier

Features

- 1.0 ampere operation at T_A = 90°C with no thermal runaway.
- For use in low voltage, high frequency inverters free wheeling, and polarity protection applications.

DO-41 plastic case
COLOR BAND DENOTES CATHODE

Absolute Maximum Ratings* T_A = 25°C unless otherwise noted

Symbol	Parameter	Value			Units
		1N5817	1N5818	1N5819	
V_{RRM}	Maximum Repetitive Reverse Voltage	20	30	40	V
$I_{F(AV)}$	Average Rectified Forward Current .375" lead length @ T_A = 90°C	1.0			A
I_{FSM}	Non-repetitive Peak Surge Current 8.3 ms Single Half-Sine Wave	25			A
T_J, T_{STG}	Operating Junction and Storage Temperature	-65 to +125			°C

*These ratings are limiting values above which the serviceability of any semiconductor device may be impaired.

Thermal Characteristics

Symbol	Parameter	Value	Units
P_D	Power Dissipation	1.25	W
$R_{\theta JA}$	Maximum Thermal Resistance, Junction to Ambient	100	°C/W
$R_{\theta JC}$	Maximum Thermal Resistance, Junction to Case	45	°C/W

* Mounted on Cu-pad Size 5mm x 5mm on PCB

Electrical Characteristics (per diode)

Symbol	Parameter		Value			Units
			1N5817	1N5818	1N5819	
V_F	Forward Voltage	@ 1.0 A @ 3.0 A	450 750	550 875	600 900	mV mV
I_R	Reverse Current @ rated V_R	T_C = 25 °C T_C = 100 °C	0.5 10			mA mA
C_T	Total Capacitance V_R = 4.0 V, f = 1.0 MHz		110			pF

* Pulse Test: Pulse Width=300μs, Duty Cycle=2%

Typical Performance Characteristics

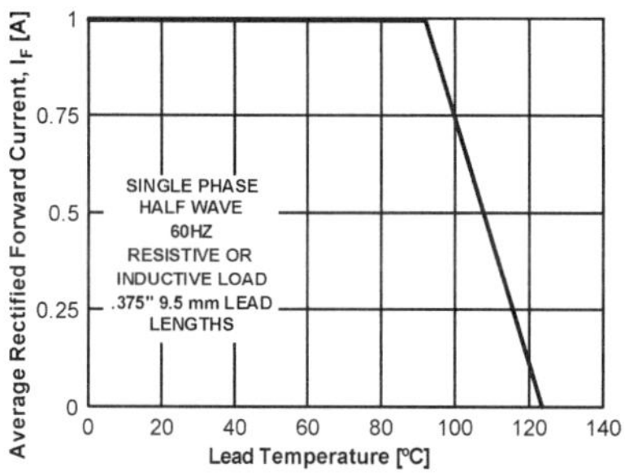

Figure 1. Forward Current Derating Curve

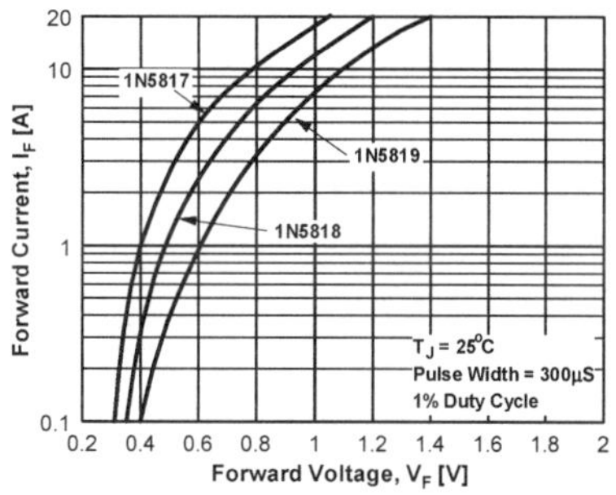

Figure 2. Forward Voltage Characteristics

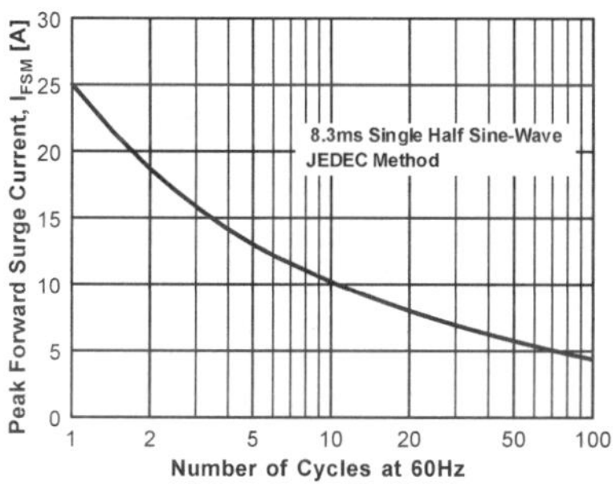

Figure 3. Non-Repetitive Surge Current

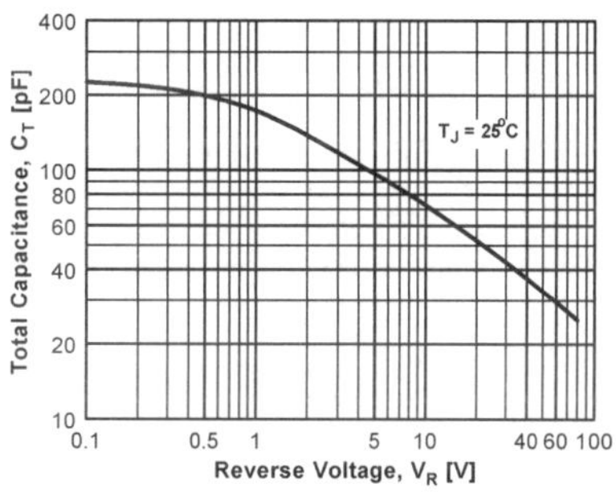

Figure 4. Total Capacitance

FAIRCHILD SEMICONDUCTOR®

TRADEMARKS

The following includes registered and unregistered trademarks and service marks, owned by Fairchild Semiconductor and/or its global subsidiaries, and is not intended to be an exhaustive list of all such trademarks.

AccuPower™
Auto-SPM™
Build it Now™
CorePLUS™
CorePOWER™
CROSSVOLT™
CTL™
Current Transfer Logic™
DEUXPEED®
Dual Cool™
EcoSPARK®
EfficientMax™
ESBC™
F®
Fairchild®
Fairchild Semiconductor®
FACT Quiet Series™
FACT®
FAST®
FastvCore™
FETBench™
FlashWriter®*
FPS™
F-PFS™
FRFET®
Global Power Resource℠
Green FPS™
Green FPS™ e-Series™
G*max*™
GTO™
IntelliMAX™
ISOPLANAR™
MegaBuck™
MICROCOUPLER™
MicroFET™
MicroPak™
MicroPak2™
MillerDrive™
MotionMax™
Motion-SPM™
OptoHiT™
OPTOLOGIC®
OPTOPLANAR®
®
PDP SPM™
Power-SPM™
PowerTrench®
PowerXS™
Programmable Active Droop™
QFET®
QS™
Quiet Series™
RapidConfigure™
™
Saving our world, 1mW/W/kW at a time™
SignalWise™
SmartMax™
SMART START™
SPM®
STEALTH™
SuperFET®
SuperSOT™-3
SuperSOT™-6
SuperSOT™-8
SupreMOS®
SyncFET™
Sync-Lock™
SYSTEM GENERAL®*
The Power Franchise®
the power franchise
TinyBoost™
TinyBuck™
TinyCalc™
TinyLogic®
TINYOPTO™
TinyPower™
TinyPWM™
TinyWire™
TriFault Detect™
TRUECURRENT™*
μSerDes™
μSerDes™
UHC®
Ultra FRFET™
UniFET™
VCX™
VisualMax™
XS™

* Trademarks of System General Corporation, used under license by Fairchild Semiconductor.

DISCLAIMER

FAIRCHILD SEMICONDUCTOR RESERVES THE RIGHT TO MAKE CHANGES WITHOUT FURTHER NOTICE TO ANY PRODUCTS HEREIN TO IMPROVE RELIABILITY, FUNCTION, OR DESIGN. FAIRCHILD DOES NOT ASSUME ANY LIABILITY ARISING OUT OF THE APPLICATION OR USE OF ANY PRODUCT OR CIRCUIT DESCRIBED HEREIN; NEITHER DOES IT CONVEY ANY LICENSE UNDER ITS PATENT RIGHTS, NOR THE RIGHTS OF OTHERS. THESE SPECIFICATIONS DO NOT EXPAND THE TERMS OF FAIRCHILD'S WORLDWIDE TERMS AND CONDITIONS, SPECIFICALLY THE WARRANTY THEREIN, WHICH COVERS THESE PRODUCTS.

LIFE SUPPORT POLICY

FAIRCHILD'S PRODUCTS ARE NOT AUTHORIZED FOR USE AS CRITICAL COMPONENTS IN LIFE SUPPORT DEVICES OR SYSTEMS WITHOUT THE EXPRESS WRITTEN APPROVAL OF FAIRCHILD SEMICONDUCTOR CORPORATION.

As used herein:

1. Life support devices or systems are devices or systems which, (a) are intended for surgical implant into the body or (b) support or sustain life, and (c) whose failure to perform when properly used in accordance with instructions for use provided in the labeling, can be reasonably expected to result in a significant injury of the user.
2. A critical component in any component of a life support, device, or system whose failure to perform can be reasonably expected to cause the failure of the life support device or system, or to affect its safety or effectiveness.

ANTI-COUNTERFEITING POLICY

Fairchild Semiconductor Corporation's Anti-Counterfeiting Policy. Fairchild's Anti-Counterfeiting Policy is also stated on our external website, www.fairchildsemi.com, under Sales Support.

Counterfeiting of semiconductor parts is a growing problem in the industry. All manufacturers of semiconductor products are experiencing counterfeiting of their parts. Customers who inadvertently purchase counterfeit parts experience many problems such as loss of brand reputation, substandard performance, failed applications, and increased cost of production and manufacturing delays. Fairchild is taking strong measures to protect ourselves and our customers from the proliferation of counterfeit parts. Fairchild strongly encourages customers to purchase Fairchild parts either directly from Fairchild or from Authorized Fairchild Distributors who are listed by country on our web page cited above. Products customers buy either from Fairchild directly or from Authorized Fairchild Distributors are genuine parts, have full traceability, meet Fairchild's quality standards for handling and storage and provide access to Fairchild's full range of up-to-date technical and product information. Fairchild and our Authorized Distributors will stand behind all warranties and will appropriately address any warranty issues that may arise. Fairchild will not provide any warranty coverage or other assistance for parts bought from Unauthorized Sources. Fairchild is committed to combat this global problem and encourage our customers to do their part in stopping this practice by buying direct or from authorized distributors.

PRODUCT STATUS DEFINITIONS

Definition of Terms

Datasheet Identification	Product Status	Definition
Advance Information	Formative / In Design	Datasheet contains the design specifications for product development. Specifications may change in any manner without notice.
Preliminary	First Production	Datasheet contains preliminary data; supplementary data will be published at a later date. Fairchild Semiconductor reserves the right to make changes at any time without notice to improve design.
No Identification Needed	Full Production	Datasheet contains final specifications. Fairchild Semiconductor reserves the right to make changes at any time without notice to improve the design.
Obsolete	Not In Production	Datasheet contains specifications on a product that is discontinued by Fairchild Semiconductor. The datasheet is for reference information only.

Rev. I50

 www.fairchildsemi.com

정가 15,000원

전자회로 설계 및 실험

2017년 2월 10일 초판 인쇄
2017년 2월 20일 초판 발행
저　자 : 한상민
발행자 : 우명찬 · 송　준
발행처 : 홍릉과학출판사
주　소 : 서울시 강북구 인수봉로 50길 10
01093
등　록 : 1976년 10월 21일 제5-66호
전　화 : (02) 999-2274~5, 903-7037
팩　스 : (02) 905-6729
e-mail: hongpub@hongpub.co.kr
http://www.hongpub.co.kr
ISBN: 979-11-5600-501-8